Les coques

Biologie et exploitation

Laurent Dabouineau, Alain Ponsero,
Anthony Sturbois, Franck Delisle

Éditions Quæ

Collection *Savoir faire*

La métagénomique
Développements et futures applications
M. Zagorec, M. Champomier-Vergès
2015, 120 p.

Faut-il travailler le sol ?
Acquis et innovations pour une agriculture durable
F. Laurent, J. Roger-Estrade, J. Labreuche
2014, 192 p.

Les clémentiniers et autres petits agrumes
C. Jacquemond, F. Curk, M. Heuzet
2014, 368 p.

Torrents et rivières de montagne
Dynamique et aménagement
A. Recking, D. Richard, G. Degoutte, coord.
2013, 352 p.

Qualité du cacao
L'impact du traitement post-récolte
M. Barel
2013, 104 p.

Analyse de sensibilité et exploration de modèles
Application aux sciences de la nature et de l'environnement
R. Faivre, B. Looss, S. Mahévas, D. Makowski, H. Monod, éd.
2013, 352 p.

Éditions Quæ
RD 10
78026 Versailles Cedex, France
www.quae.com

978-2-7592-2317-6
ISSN 1952-1251

Préface

Quoi de plus banal qu'une coque pour les pêcheurs à pied du littoral Manche-Atlantique ? Mais derrière la banalité se cache un animal d'un très grand intérêt à de multiples points de vue.

Si la coque est encore un bivalve commun sur nos côtes, les immenses gisements qui couvraient nos baies sableuses au début du XXe siècle ne sont plus qu'un lointain souvenir. Les descriptions de Lambert (1943) ne peuvent que surprendre les actuels arpenteurs de grèves. Ainsi en baie de Saint-Brieuc : « le fond sableux n'[était] qu'un immense banc de coques qui s'étend sur plus de 10 kilomètres » et en baie du Mont-Saint-Michel : « toute la grève moyenne depuis Le Vivier jusqu'au nord de Carolles n'[était] qu'un immense banc de coques ». La pêche de ce mollusque était alors un revenu important pour les populations littorales. La production alimentait un important marché national et s'exportait même par train jusqu'au Portugal et en Angleterre. La réduction de ces bancs a concentré la pêche sur les derniers gisements encore productifs (baies de Somme et de Saint-Brieuc, estuaire du Léguer...) mais les quantités produites ne sont plus que le pâle reflet des productions anciennes. Elle reste pourtant suffisamment abondante pour être communément récoltée par les pêcheurs à pied de loisir qui en font une de leur capture de prédilection dans toutes les grandes baies sableuses.

C'est aussi la base de l'alimentation de nombreux poissons plats et des innombrables limicoles qui viennent peupler nos estrans en hiver. En cela, elle assure un rôle fonctionnel majeur qui a été particulièrement étudié à l'échelle européenne.

Enfin, la coque est un maillon essentiel des chaînes parasitaires qui contribuent aux équilibres écologiques en zone côtière. Cet aspect moins connu a été observé en baie de Saint-Brieuc, il révèle les interactions complexes entre espèces en zone littorale.

Aucune monographie n'avait encore été consacrée à cette espèce. C'est une lacune importante que lève aujourd'hui Laurent Dabouineau avec l'équipe de la Réserve naturelle de la baie de Saint-Brieuc et VivArmor Nature, en nous conduisant à la découverte de ce bivalve si commun sur nos côtes.

Patrick Le Mao
Ifremer, Station de Saint-Malo (35)

Que les quelques pêcheurs cherchant leur nourriture propre ou les appâts qui leur sont nécessaires recueillent les coques isolées (si l'on peut employer ce terme pour un animal aussi commun) mais qu'on épargne aux gisements classés la pêche industrielle qui peut les épuiser pour des années [...]. Aux environs du Mont-Saint-Michel, les pêcheurs de coques ou coquetiers mettent sur leurs tables un fourneau recouvert d'une plaque de fer brûlante sur laquelle il font cuire ce coquillage au moment de le consommer.

L. Lambert, 1943

Remerciements

Les auteurs remercient tout particulièrement Julien Chevré et Gérard Véron de l'Ifremer pour les informations transmises et les commentaires constructifs de certaines parties de l'ouvrage. Merci aussi à Maryline Maingam du Comité national de la conchyliculture pour la fourniture d'éléments précieux. Merci à Patrick Le Mao de l'Ifremer d'avoir accepté de préfacer ce livre.

Nous remercions également l'ensemble des directions départementales des territoires et de la mer ainsi que les comités des pêches régionaux et départementaux de la façade Manche-Atlantique ainsi que les professionnels pour les données relatives à l'exploitation professionnelle des gisements naturels de coques (notamment Maud Crépieux, Delphine Roncin, Sonia Muller, Sandrine Vinatier, Régine Tavernier, Xavier Tétard, Hélène Tréguer, Christelle Henry, Anne-Laure Miossec, Maryse Brient, Magalie Richard, Damien Porcher-Labreuille, Marie Foucart, Pascale Talédec, Philippe Sauciaux, Laurie Durant).

Merci à Pascal Chellet du Syndicat des parqueurs du Croisic pour ses informations sur la cérastoculture.

Merci à Michel Le Quément pour les photos de *Cerastoderma glaucum* et la relecture du chapitre sur cette espèce. Merci à Yannick Chérel pour la photo d'huîtrier-pie.

Merci enfin à Maïté Aupetit et Jean-Paul Bardoul pour la relecture attentive de l'ensemble de l'ouvrage.

Sommaire

Avant-propos

Lorsque nous avons débuté nos études sur la coque en baie de Saint-Brieuc (Côtes-d'Armor, Bretagne, France) dans les années 2000, aucune monographie ne regroupait les connaissances acquises sur ce mollusque bivalve. Très prisée par les pêcheurs professionnels et les amateurs, c'est une espèce d'intérêt économique non-négligeable, le bivalve le plus communément rencontré. Pour la seule région Picardie, il y a près de 350 pêcheurs à pied professionnels qui possèdent le timbre « coques » autorisant son exploitation professionnelle. Près de 500 tonnes de coques sont pêchées chaque année dans le Morbihan. Ces gisements sont toutefois fragiles avec une production irrégulière. La baie de Somme, principal site d'exploitation de coques en France, a connu plusieurs crises graves, en particulier au début des années 80. Ces crises étaient liées à divers facteurs dont les modifications sédimentaires, les cycles biologiques et les conditions climatiques excessives (Desprez *et al.*, 1987a ; Desprez *et al.*, 1987b ; Ducrotoy *et al.*, 1987). Pour Beukema (1979), la coque peut disparaître brutalement d'un site ou voir ses densités s'affaiblir progressivement, comme dans la baie de Dublin, sans que le potentiel de production ne se soit jamais rétabli pour permettre une nouvelle exploitation (West *et al.*, 1979).

En baie de Saint-Brieuc, la pêche professionnelle et la pêche amateur sont des pratiques bien ancrées. Le développement des connaissances de l'espèce devenait un enjeu prioritaire pour évaluer avec précision le stock et son évolution. Ainsi, à partir du premier plan de gestion de la Réserve naturelle nationale de la baie de Saint-Brieuc, créée en 1998, les gestionnaires proposèrent d'évaluer et de cartographier le gisement pour fournir au Comité local des pêches et aux Affaires maritimes des données fiables réglementant sa pêche dans un but d'exploitation durable.

C'est aussi une espèce d'intérêt écologique, souvent présente en grande quantité dans les baies et les estuaires de la façade Manche-Atlantique et donc au centre de chaînes trophiques complexes. Ce bivalve, consommant le phytoplancton, est la proie de nombreux prédateurs comme les crustacés, les poissons et les oiseaux. La Réserve naturelle nationale de la Baie de Saint-Brieuc a pour objectif de mieux évaluer son rôle comme ressource pour l'avifaune.

Nous aborderons dans ce livre l'anatomie de cette espèce sentinelle mais aussi la reproduction, la croissance, l'écologie, les pathologies ainsi que la pêche récréative et professionnelle. Nous étudierons aussi les très nombreux pathogènes (virus, bactéries, vers plats...) véhiculés par la coque. Leur étude permettra de mieux comprendre les dynamiques des pathologies et de leurs transmissions à la faune sauvage mais aussi à l'homme.

Nous destinons ce livre aux étudiants et aux naturalistes intéressés par les bivalves et le milieu marin en général. Il sera également utile aux acteurs de la protection de la nature et de la prise en compte de l'environnement (chargés de missions, d'associations, opérateurs Natura 2000...), et aux diverses instances impliquées dans l'activité de pêche à pied (comité des pêches, agence des aires marines protégées, direction régionale de l'environnement, de l'aménagement et du logement...). Enfin, il répondra aux préoccupations des pêcheurs à pied, professionnels ou amateurs, qui traquent ce bivalve sur les estrans bretons et ailleurs. L'importante bibliographie en fin d'ouvrage montrera au lecteur la richesse et la diversité des études scientifiques internationales publiées sur l'espèce à ce jour.

Figure 0-1. Commission de visite de gisements en baie de Saint-Brieuc en présence de l'Ifremer, des Affaires maritimes, du Comité départemental des pêches maritimes et des élevages marins, de la Réserve naturelle, des représentants des pêcheurs.

1
L'animal

Dénomination et classification

Embranchement : Mollusque

Classe : Bivalve

Ordre : *Veneroida*

Famille : Cardiidae

Genre : *Cerastoderma*

Espèce : *edule*

Description : Linné (1758)

Synonyme (avant 1950) : *Cardium edule*

Ses différents noms en Europe :

- ALLEMAGNE : herzmuschel
- CATALOGNE ESPAGNOLE : catxel, carculla, escopinya de gallet, gall, gallet, petxina atllada
- CROATIE : casa
- ESPAGNE : berberecho
- FINLANDE : sydan-simpukka
- FRANCE : coque commune ; Manche-Atlantique : hénon, sourdon, rigadeau, maillot ; Méditerranée : bourdos, besourde, bigour, mourgue
- GRÈCE : kárdium methýstra
- ITALIE : cuore edule
- NORVÈGE : Pigget hjertemuslinger
- PAYS-BAS : kokhaan, kokkel, zandschelp
- POLOGNE : Sercówka jadalna
- PORTUGAL : bredigão, ameijoa
- ROYAUME-UNI : cockle, common edible cockle
- RUSSIE : Siedobniy, serdzevik
- SUÈDE : Hjärtmussla
- TURQUIE : Açivades

Morphologie de la coquille

Les deux valves de la coquille sont identiques, et inéquilatérales. Elle est de forme arrondie et globuleuse. Sa taille peut aller jusqu'à 50 millimètres. Sur la coquille, 22 à 28 côtes radiantes sont bien visibles. Le ligament est externe, protéine noire « caoutchouteuse » qui tend en permanence à ouvrir la coquille (*voir figure 1-1*).

Les empreintes des deux muscles adducteurs (servant à refermer la coquille) sont visibles à l'intérieur de chacune des valves. L'empreinte de la ligne palléale (limite de l'adhérence de la chair) est linéaire.

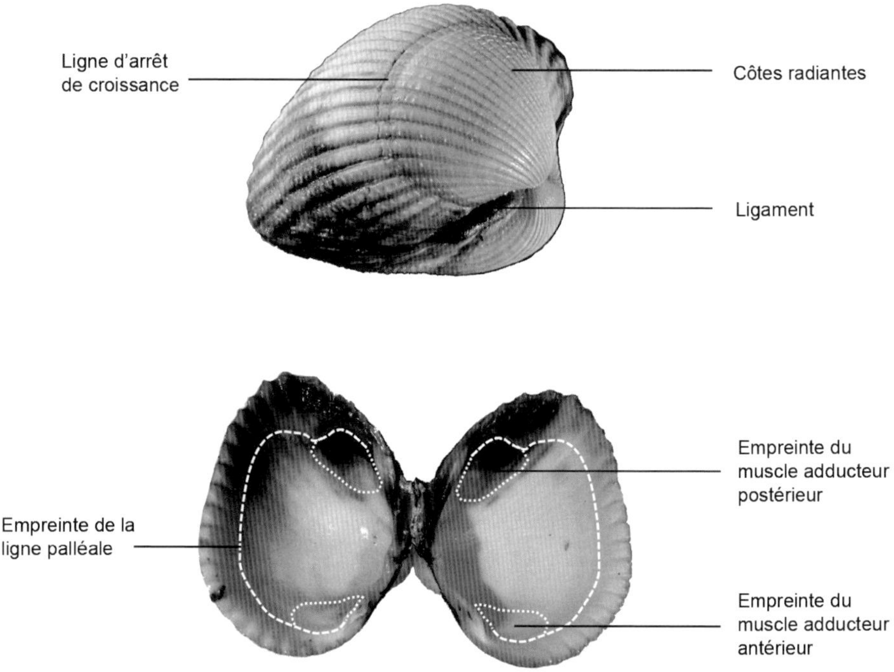

Figure 1-1. Coque avec ses deux valves, charnière visible (haut). Vue interne des deux valves (bas).

La coque glauque (*Cerastoderma glaucum*), "Lagoon Cockle" en anglais, est une espèce proche de la coque commune. Cependant, il est assez difficile de les distinguer et les deux espèces ont souvent été confondues (Grossu, 1961 ; Eisma, 1965). Elles sont confirmées au rang d'espèces distinctes depuis 1987 (Brock, 1987 ; Hummel *et al.*, 1994) malgré un nombre de chromosomes identique (Koulman et Wolff, 1977). Ci-après quelques éléments de comparaison.

Différences morphologiques

La coque glauque a une coquille allongée, moins globuleuse que la coque commune, et dotée de côtes plus espacées. Le ligament externe est plus court. La marge postérieure est plus plate (moins ondulée ; ***voir photos page I***). Les bords internes de la coquille sont plus sombres et plus crénelés. L'intérieur de la coquille présente également des sillons allant jusqu'au sommet (à noter que les juvéniles de *C. edule* peuvent aussi présenter ce caractère). Enfin, la coquille de *Cerastoderma glaucum* est plus fine.

Les phénotypes étant variables à l'intérieur de chacune des deux espèces, Freire *et al.* (2011) ont développé des *primers*[1] permettant d'amplifier des fragments d'ADN ribosomique de la région ITS dont les poids moléculaires sont très différents (190 et 470 paires de bases chez *C. edule* et *C. glaucum*, respectivement). Ce qui permettra une réelle distinction génétique des deux espèces en cas de doute.

Différences d'habitat

La coque glauque semble particulièrement adaptée aux lagunes littorales salées (Boyden, 1969) et aux estuaires (Nikula et Väinölä, 2003). Elle supporte mieux les faibles et fortes salinités que *C. edule* (Rygg, 1970 ; Brock, 1979) ainsi que des températures plus élevées.

Répartition géographique

On trouvera la coque glauque sur les côtes de Norvège (Rygg, 1970), de Grande-Bretagne (Boyden, 1969, 1971, 1973), de France (Labourg et Lasserre, 1980), en mer Baltique, Méditerranée, mer Caspienne (Hummel *et al.*, 1994 ; Kandeel *et al.*, 2013) et en mer d'Aral (Russell et Petersen, 1973). La répartition de la coque commune sera précisée dans le *chapitre 4.*

Anatomie interne de *Cerastoderma edule*

Le corps est délimité par le manteau qui se soude dans la région postéro-ventrale pour former deux siphons dirigés vers l'arrière, de quelques millimètres chez l'adulte, lorsqu'ils ne sont pas rétractés (Martínez *et al.*, 2012 ; Zwarts et Wanink, 1989). Le siphon ventral permet l'entrée de l'eau dans la cavité palléale. Il est pourvu de nombreux petits tentacules portant des récepteurs tactiles et des photo-récepteurs, et est ouvert en permanence. Le siphon dorsal, un peu plus court, est le siphon exhalant qui rejette l'eau et les excréments *(figure 2-1).*

Le pied, organe locomoteur, est long et coudé en son milieu. À sa base, se trouve un rudiment de glande à byssus[2]. Il peut être ramené à l'intérieur des valves par deux muscles rétracteurs qui s'insèrent au-dessus des deux muscles adducteurs.

Les branchies sont reliées à la base de la masse viscérale. L'appareil reproducteur n'est constitué que d'une gonade, en forme de grappe, située à la surface et à la base du pied, s'étendant dans le corps par de multiples ramifications ciliées. Ces ramifications débouchent sur de nombreux sacs, les follicules, contenant les cellules germinales, lieux de formation des gamètes *(figure 1-3).* En période de repos sexuel, les gonades peu volumineuses sont indiscernables à l'œil nu ;

1. Primer : nom anglais correspondant à une courte séquence d'ADN ou d'ARN servant de point de départ à la synthèse d'une séquence que l'on veut amplifier.

2. Byssus : glande servant chez la moule à sécréter les filaments protéiques qui lui servent à s'accrocher au rocher. Chez la coque, cette glande est fonctionnelle chez les très jeunes individus.

une légère différence de couleur peut être distinguée à maturation, au travers du pied, où les ramifications orange ou blanches tuméfiées indiqueront le sexe de l'animal, respectivement femelle ou mâle. Outre ce stade particulier, la différenciation sexuelle nécessite une coupe histologique ou un frottis gonadique (Hennebelle, 1975 ; Bellamy *et al.*, 2009).

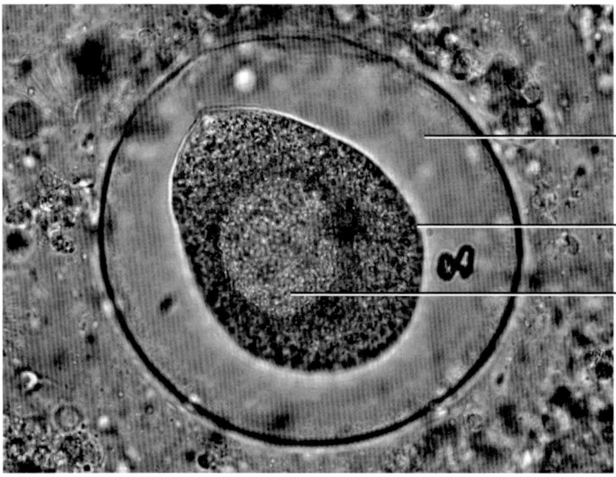

Figure 1-3. Ovocyte mature de la coque (environ 100 µm).

La coquille des coques est composée pour 95 % d'une fraction minérale et pour 5 % d'une fraction organique (Hennebelle, 1975 ; Marin et Luquet, 2004 ; Jacob *et al.*, 2008). Elle s'organise en trois principales couches : le *périostracum*, l'*ostracum* et l'*hypostracum* élaborés dans différentes régions du manteau (Neri *et al.*, 1979 ; Richardson *et al.*, 1981)

Le *périostracum,* organique, composé de protéines, glycoprotéines et polysaccharides, prend naissance au niveau des cellules basales du repli périostracal situé entre les lobes externe et moyen du manteau. Il recouvre entièrement la coquille et participe donc, avec le manteau et la coquille, à la délimitation de la cavité extra-palléale.

L'*ostracum* est une couche prismatique constituée de prismes aragonitiques hexagonaux empilés, perpendiculaires à la surface de la coquille et enrobés par une matrice protéique de conchyoline.

L'*hypostracum* est dite couche foliée. Elle présente un enchevêtrement régulier de feuillets parallèles d'aragonite et de conchyoline (Hennebelle, 1975).

Le calcium utilisé pour la sécrétion de la coquille n'étant retrouvé ni dans la glande digestive, ni dans le manteau de *Cerastoderma edule*, proviendrait directement de l'environnement et ne serait pas d'origine alimentaire (Richardson *et al.*, 1981).

Par ailleurs, d'après Neri *et al.* (1979), il semblerait que l'épaisseur de la coquille soit inversement proportionnelle à la salinité. Les stries d'accroissement annuelles sont en général bien visibles *(figure 3-3)*. Elles correspondent à des ralentissements de croissance de la coquille en hiver. En effet, l'animal fabrique à chaque marée un peu de coquille formant une micro-strie de croissance (non visible à l'œil nu). Ce qui reste étonnant, c'est qu'elles semblent fabriquer une strie par marée même si elles vivent en dessous du niveau des marées basses. Ce qui laisserait supposer un rythme endogène (inné) circatidal (Bourget et Brock, 1990).

2

Mode de vie et recrutement

Après une courte phase planctonique, la coque s'installe dans le sédiment des estrans sableux, des baies et des estuaires. Malgré sa forme arrondie, elle a toutes les capacités pour s'enfouir et régler sa position à l'intérieur du sédiment.

Mode de vie

Animal fouisseur, la coque maintient sa position dans le sédiment grâce à un pied *(figure 2-1)* qui s'insinue dans le sable et tire la coquille. La coque est ainsi protégée des vagues mais aussi des nombreux prédateurs aquatiques (crabes) et terrestres (oiseaux marins, hommes).

La profondeur d'enfouissement des coques est de l'ordre d'un centimètre. Cette profondeur augmente très légèrement avec la taille de l'individu, sans grande variation saisonnière, contrairement à d'autres bivalves (Zwarts et Wanink, 1991). La profondeur d'enfouissement augmente de 20 % en hiver (Zwarts et Wanink, 1989). La coque est un suspensivore[3] actif qui s'alimente en filtrant l'eau.

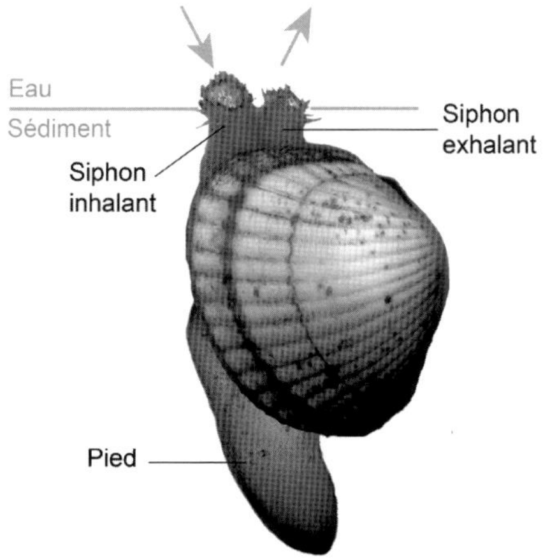

Figure 2-1. Coque en situation dans le sédiment.

3. Suspensivore : animal qui consomme les particules vivantes ou non, en suspension dans l'eau.

La coque filtre l'eau de manière active grâce à l'ouverture de deux siphons à la surface du sédiment *(figure 2-1)*. Le courant d'eau est créé par le mouvement de millions de cils implantés sur ses branchies. L'eau circule à travers les branchies qui retiennent le phytoplancton, le zooplancton et les particules de matières organiques.

Tous ces éléments sont intégrés à un mucus et dirigés vers la bouche grâce aux nombreux cils formant une sorte de tapis roulant. Son volume de filtration varie de 1,6 litre en hiver, (Blanchard, 1992) à 8,7 litres par heure et par gramme de chair sèche au printemps, en période de maturation maximale et de ponte (Deslous-Paoli *et al.*, 1987).

Les coques juvéniles s'alimentent préférentiellement de microphytobenthos[4]. Les adultes, quant à eux, présentent un régime mixte composé du phytoplancton (Navarro *et al.*, 2009) et de la matière organique en suspension provenant de la végétation des prés-salés (Kang *et al.*, 1999 ; Karlsson *et al.*, 2003 ; Rossi *et al.*, 2004) ou d'algues vertes du genre *Ulva* ou *Enteromorpha* (Sara, 2007). Arambalza *et al.* (2013) montrent une nette différence de digestibilité entre des particules issues de deux algues que sont *Ulva lactuca* et *Enteromorpha* sp. et une plante marine *Juncus maritimus*, les deux macroalgues étant plus digestes que le jonc.

La digestion a lieu dans un intestin à l'aide d'enzymes et de bactéries. Les enzymes se trouvent dans le style cristallin, sorte de baguette de verre *(**voir photo page II**)*, totalement translucide et facilement identifiable lors d'une dissection. Il s'agit d'une réserve d'enzymes digestives que la coque utilise progressivement. Les coques sont en mesure d'ajuster la production des différentes enzymes digestives en fonction de la qualité et de la quantité des aliments, en particulier les amylases et les cellulases. La production de ces enzymes varie au cours de l'année avec un maximum au cours du printemps et de l'été, en réponse à la disponibilité accrue de la nourriture (Ibarrola *et al.*, 1998).

Sur l'estran, on peut trouver des coques vivantes à la surface du sédiment *(**voir photo page II**)*. Elles représentent en général une proportion assez faible de la population. Ces coques sont remontées d'elles-mêmes à la surface ou ont été victimes d'un déchaussement, c'est-à-dire d'un déplacement du sédiment dû, par exemple, au changement de parcours d'une filière. Ces coques sont souvent très affaiblies et ont perdu leur capacité à s'enfouir.

Morgan *et al.* (2012) ont montré que durant les mois d'été, la combinaison entre le stress de la ponte et la présence d'une néoplasie[5] associée à des parasites trématodes (voir *chapitre 5*), peut entraîner une immuno-dépression des coques qui dépérissent à la surface du sédiment. Ces coques sont alors des proies « faciles » pour des prédateurs comme les limicoles. Le bécasseau maubèche (*Calidris canutus*)

4. Microphytobenthos : organismes unicellulaires chlorophylliens vivant sur la vase.
5. Néoplasie : multiplication anormale de cellules.

peut par exemple consommer les seules parties charnues de coques de taille supérieure aux proies qu'il ingère habituellement avec la coquille (Poot *et al.*, 2014).

La capacité d'enfouissement peut être mise en évidence expérimentalement. Des coques sont déposées sur 5 centimètres de sédiment recouvert de 5 centimètres d'eau, et espacées de quelques centimètres. Les coques enfouies au bout de 2 heures sont comptabilisées. Les résultats sont présentés dans la figure ci-dessous.

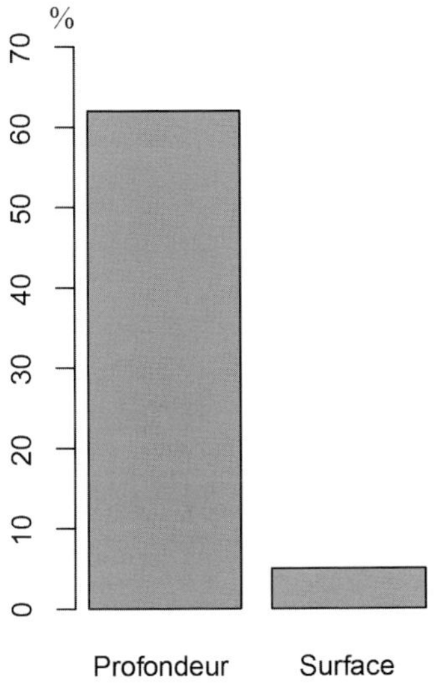

Figure 2-4. Capacité d'enfouissement (en %) des coques de profondeur (n = 127) et des coques trouvées à la surface (n = 139), enfouies après 2 heures. (Données UCO juin 2003, non publiées).

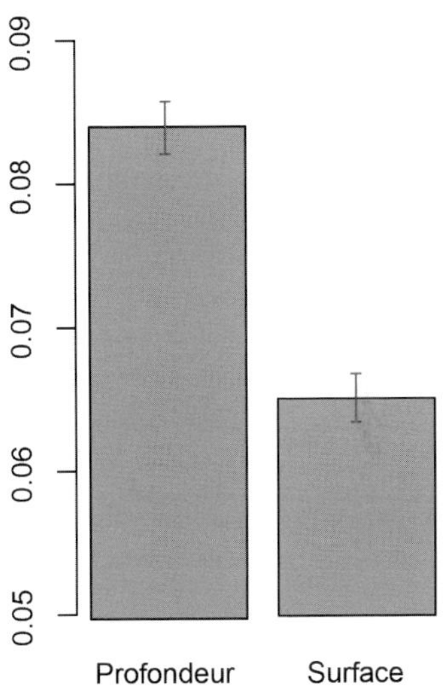

Figure 2-5. Indice de condition (Ic = poids sec chair/poids sec coquille) ± Erreur-type, des coques de profondeur (n = 60) et de surface (n = 61). (Test Anova $p<0,01$; données UCO Juin 2003, non publiées).

Afin de confirmer que ces coques sont très affaiblies au point de ne plus pouvoir s'enfouir, un indice de condition (Ic) peut être mesuré. Il apporte une vision générale de leur état de santé. L'Ic est le rapport entre la masse sèche de la chair de l'animal et la masse de sa coquille, ce qui permet d'évaluer si les animaux sont amaigris *(figure 2-5).* Les coques de surface présentent un déficit pondéral de 25 % (poids sec) par rapport aux coques enfouies dans le sédiment. Elles sont très amaigries et certainement mourantes.

Les bivalves, exposés à des perturbations chroniques (contaminants chimiques ou autres formes de perturbation), subissent des coûts énergétiques plus élevés liés aux dommages physiques et aux stress qui affectent la condition physique et le développement des gonades (Kaiser *et al.*, 2007), générant à court terme des effets sur leur immuno-compétence.

Reproduction

Les coques vivent en moyenne de 2 à 4 ans mais peuvent exceptionnellement atteindre 10 ans. Le sex-ratio est généralement équilibré (Boyden, 1971 ; Bowmer *et al.*, 1994). La maturation physiologique liée à la reproduction est induite par des modifications de l'environnement physique, les accroissements de température par exemple, plus que par une valeur absolue de celle-ci. La maturité sexuelle est généralement atteinte dès la deuxième année (taille d'environ 13 à 16 millimètres, soit 15 à 18 mois). Certains auteurs ont observé une reproduction dès la première année en raison d'une croissance très rapide (Seed et Brown, 1977). La maturité sexuelle semble dépendre plus de la taille que de l'âge des individus (Kristensen, 1957 ; Hancock et Franklin, 1972 ; Sauriau, 1992). Elle peut être atteinte en quelques mois en baie de Somme (Lemoigne *et al.*, 1988) ou jusqu'à 2 ans en Irlande du Nord (Seed et Brown, 1977).

Les coques sont gonochoriques (sexes séparés). Sous les latitudes moyennes, au cours de l'année, on peut identifier plusieurs phases de ponte :

– pontes précoces en février-mars, qui concernent plutôt les individus plus âgés (Guillou *et al.*, 1990) ;

– pontes printanières (avril-juin) qui sont généralement les plus massives ;

– pontes estivales qui sont d'autant plus intenses que les pontes printanières ont été faibles ;

– pontes tardives automnales (fin septembre-novembre) qui sont toujours peu intenses.

Sous les latitudes plus nordiques (supérieures à 55°N), la période de reproduction est unique, courte, centrée sur la période thermique et nutritive la plus favorable. Plus au sud, à partir des latitudes de l'Irlande du Nord, la stratégie de reproduction se modifie, la gamétogénèse reste printanière-estivale mais le caractère répétitif des pontes devient plus constant (Seed et Brown, 1978). Pour les latitudes moyennes et jusqu'en Galice, la gamétogénèse est de plus en plus précoce et les pontes sont répétitives. Au nord-ouest de la péninsule Ibérique, Martínez-Castro et Vázquez (2012) montrent que la période d'émission des gamètes a lieu en avril et mai, puis de manière moins intense à la fin de l'été et au début de l'automne.

L'intensité d'une ponte est en général inversement liée à celle de la ponte précédente. C'est le cas de la ponte d'automne liée à celle de la ponte estivale comme cela a été montré en baie de Somme (Desprez *et al.*, 1987a). La littérature est unanime à reconnaître qu'un hiver rigoureux stimule la reproduction en synchronisant les émissions de gamètes des deux sexes et en assurant une meilleure fertilité (Hancock, 1973). Un hiver doux retarde et ralentit la gamétogénèse par une absence de repos sexuel hivernal (Guillou *et al.*, 1990). Les températures hivernales basses permettent de limiter la perte de masse viscérale de l'adulte et génèrent un meilleur développement gonadique (Honkoop et van der Meer, 1998).

La production d'ovules est fonction de la taille de l'individu, elle varie de 5 600 à 52 000 ovules par femelle pour des tailles respectives de 18 à 38 millimètres (Kristensen, 1957). Les gamètes sont émis dans la cavité palléale. Ils sortent par le siphon exhalant grâce au courant d'eau créé par les branchies, et se retrouvent dans la colonne d'eau. Les spermatozoïdes fécondent ensuite les ovules pour former des œufs de 50 à 60 micromètres.

Les œufs se développent pour former une larve planctonique nommée « trochophore » *(figure 2-6)* puis « véligère ». Ces larves possédant des cellules ciliées à l'extérieur peuvent se déplacer légèrement. La nourriture est ingérée grâce à d'autres cellules ciliées dans leur tube digestif. En trois jours, la larve planctonique développe une minuscule coquille pour atteindre 270 micromètres en 3 à 5 semaines (Creek, 1960). En un mois, elle fera environ un millimètre.

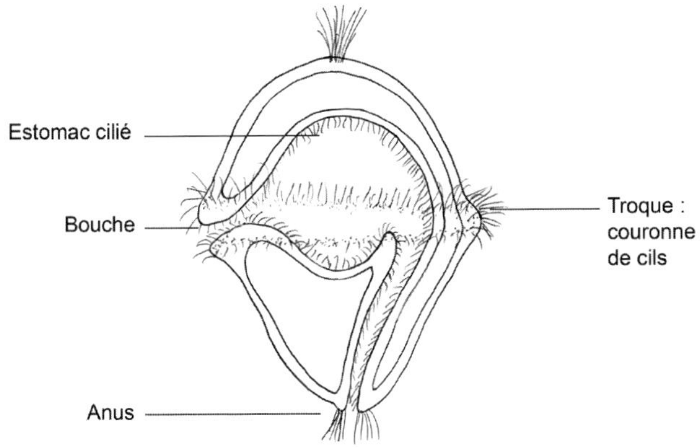

Figure 2-6. Schéma de la larve trochophore.

Des températures hivernales basses favorisent une économie d'énergie aux adultes. Les réserves lipidiques des œufs sont alors plus importantes, ce qui améliore le développement et la survie larvaire dans cette étape où la mortalité est importante. D'autre part, une température élevée au moment du développement larvaire entraîne une diminution de la durée de croissance larvaire. Elle stimule ainsi la production primaire phytoplanctonique, source de nourriture de ces larves (Honkoop et van der Meer, 1998).

Le rôle des courants marins dans la dispersion des larves et la connectivité entre populations a été étudié au sud de l'Irlande par Coscia *et al.* (2012). L'analyse génétique montre la présence de trois sous-populations distinctes. Des échanges plus importants ont lieu entre deux d'entre elles. Des larves nées au sud du Pays de Galles sont capables de traverser de manière passive la mer Celtique vers l'Irlande grâce aux courants. Les sous-populations sont séparées mais un flux génique s'effectue par dérive des larves planctoniques.

Recrutement

Le recrutement est la phase d'installation des larves planctoniques dans le sédiment. La jeune larve véligère d'un millimètre, qui possède déjà une petite coquille, cherche à s'installer dans le sédiment en se posant d'abord sur le sable, puis en pénétrant dans le sédiment avec son pied. Cette phase s'opère généralement entre mai et juin pour la plupart des coques des latitudes moyennes, et dans une moindre mesure, jusqu'en septembre.

La densité en jeunes coques est très liée à la qualité du sédiment (Callaway *et al.*, 2014). Elle semble corrélée aux zones de dépôts maximums durant le cycle tidal (Bouma *et al.*, 2001). Le sédiment doit présenter des caractéristiques granulométriques favorables pour retenir l'eau car la survie des jeunes en dépend (taux d'humidité entre 30 et 35 % pour les sites de recrutement en baie de Saint-Brieuc). La taille des particules se situe entre 50 et 200 micromètres en baie de Somme (Lemoigne *et al.*, 1988), entre 100 et 270 micromètres en mer des Wadden (Kraan *et al.*, 2012), entre 100 et 125 micromètres en baie de Saint-Brieuc. Un sédiment stable et non perturbé physiquement (par des engins ou des râteaux par exemple) est un facteur de succès du recrutement (Donadi *et al.*, 2014).

Les zones de recrutement sont généralement assez restreintes. Par exemple en baie de Saint-Brieuc, elles représentent environ 1 000 hectares sur 3 000 hectares d'estran. Les zones, dont la densité en jeunes coques est supérieure à 100 individus par mètre carré, ne représentent que 400 hectares (hors année exceptionnelle de fort recrutement) sur les 2 000 hectares du gisement (Ponsero *et al.*, 2009).

Tableau 2-1. Effectifs totaux ($\times 10^6$) du gisement de coques de la baie de Saint-Brieuc et effectifs ($\times 10^6$) de la cohorte de l'année (0) évalués par modélisation (krigeage).

Année	Total	Cohorte 0	Pourcentage
2001	1546	1156	74,77
2002	1355	393	29
2003	1619	1279	79
2004	5158	3972	77,01
2005	2051	380	18,53
2006	1870	968	51,76
2007	858	115	13,4
2008	6297	6067	96,35
2009	2726	69	2,53
2010	2552	1473	57,72
2011	964	201	20,85
2012	1974	1561	80,01
2013	828	295	40,42
2014	1088	230	22,62
Moyenne	2192	1344	46,43
sd	1512	1599	28,45

La température semble être un facteur primordial pour la survie des larves planctoniques (Baggerman, 1953) particulièrement lors de l'implantation dans le substrat. Si toutes ces conditions ne sont pas réunies, la jeune coque est capable de chercher un meilleur site. Elle produit alors du byssus, filaments protéiques, qui augmente sa surface portante et favorise sa remise en suspension et son transport par les courants. Ce type de déplacement est nommé « migration bysso-pélagique » (de Montaudouin, 1997 ; Huxham et Richards, 2003).

Un recrutement important ou très important est généralement suivi par un recrutement faible l'année suivante. C'est par exemple ce qui a été observé en 2005 en baie de Saint-Brieuc où le recrutement a été 20 % inférieur à la valeur moyenne (2001-2014), faisant suite à un taux de recrutement de 220 % en 2004 *(tableau 2-1* ; Ponsero *et al.*, 2009).

3

Population et biomasse

Animal filtreur, la coque se nourrit de phytoplancton et autres particules organiques. Sa croissance dépend de la production phytoplanctonique et des paramètres environnementaux. La production de biomasse (quantité de matière fabriquée par les coques par unité de surface) est utilisée comme paramètre de suivi qualitatif des gisements.

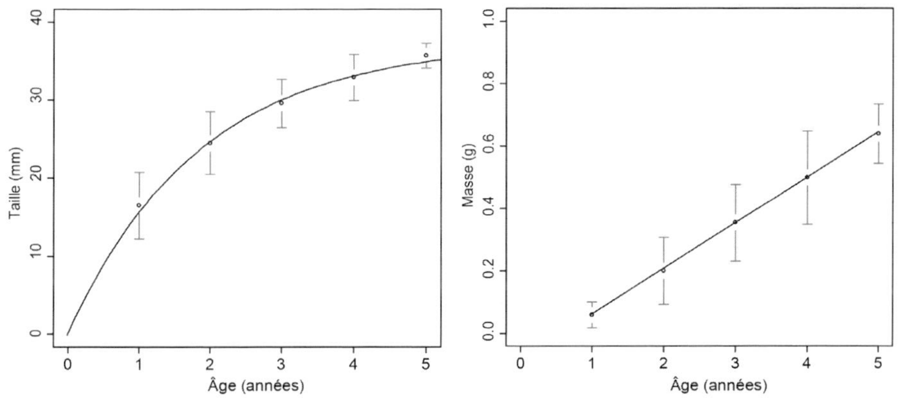

Figure 3-1. Croissance des coques en baie de Saint-Brieuc. À gauche : relation entre taille et âge selon le modèle de von Bertalanffy ($L\infty = 34,36$; $k = 0,64$; $t_0 = 0$). À droite : relation linéaire entre la masse (poids sec) et l'âge (masse = 0,13×âge-0,06 ; $r^2 = 0,989$).

Croissance

La taille de *Cerastoderma edule* augmente très rapidement les deux premières années puis de manière moins importante les années suivantes *(figure 3-1)*. La croissance en masse et volume reste cependant très linéaire et régulière *(figure 3-1)*. La modélisation de la croissance des coques peut être ajustée au modèle de von Bertalanffy (1938) qui est généralement utilisé pour la comparaison des taux de croissance des mollusques (*tableau 3-1* ; Ramon, 2003).

Le modèle de croissance en longueur L_t au temps t a pour équation :

Lt = l∞(1–e–k(t-t_0)) où

l_∞ : asymptote de la courbe (souvent dénommée « longueur maximale ») ;

k : coefficient de croissance initial ;

t_0 : date théorique de naissance (longueur nulle).

Tableau 3-1. Comparaison des paramètres de la modélisation de la croissance des coques dans divers sites européens (k : coefficient de croissance initial, L_∞ : valeur de l'asymptote, t_0 : longueur à l'origine. Certains auteurs ne modélisent pas cette valeur et la fixent à zéro. Φ': indice de croissance ; Φ' = $2\log_{10}(L_\infty)+\log_{10}(k)$ d'après Pauly et Morgan, 1987).

Sites	k	l∞	t_0	Φ'	Source
Danemark (Langerak)	0,248	54	-0,2	2,86	Brock, 1980
Danemark (Langerak)	0,386	40,7	-0,34	2,81	Brock, 1980
Allemagne (mer des Wadden)	0,404	40	-	2,81	Ramon, 2003
Angleterre/Pays de Galles (Llanrhidian Sand)	0,59	31,5	-	2,77	Hancock, 1967
Irlande (baie de Dundalk)	0,4364	49,1	-0,3995	3,02	Fahy *et al.*, 2005
France (baie de Saint-Brieuc)	0,64	34,36	-	2,88	Ponsero *et al.* 2009
France (Marenne-Oléron)	0,068	30,87	-2,11	1,82	Sauriau, 1992
France (Arcachon)	1,3	38,38	-0,08	3,28	Gam *et al.*, 2010
Espagne du Nord (rías Altas)	1,609	26,5	0,104	3,05	Catoria *et al.*, 1984
Espagne du Nord (rías de Arosa)	0,951	41,226	0,083	3,21	Pérez Camacho et Román, 1984
Espagne du Nord (estuaire de Mundaca)	0,026	28,27	8,998	1,32	Jelesias et Navarro, 1990
Espagne du Sud (baie d'Algésiras)	0,18	36	-0,05	2,37	Guevara et Niell, 1989
Maroc (Merja Zerga)	1,43	31,17	-0,05	3,14	Gam *et al.*, 2010

De nombreux facteurs affectent la croissance des coques comme la saison, la localisation géographique (Hancock, 1967 ; Ducrotoy *et al.*, 1991), la température de l'eau (Smaal *et al.*, 1997), la disponibilité en nourriture ou la densité des coques (Jensen, 1993 ; de Montaudouin et Bachelet, 1996). La présence des installations ostréicoles et mytilicoles a un effet négatif sur la croissance de *Macoma balthica* et de *C. edule* résultant d'interactions trophiques fortes entre espèces sauvages et espèces cultivées (Trigui, 2009 dans le golfe normano-breton, Williams *et al.*, 2004 et Donadi *et al.*, 2013 en mer des Wadden). Ainsi, la taille moyenne des individus âgés d'un an varie entre 4,8 et 5,9 millimètres en baie du Mont-Saint-Michel alors que dans des sites aussi divers que la mer des Wadden, la baie de

Dublin, la baie de Somme ou le bassin d'Arcachon, la taille des individus à la fin de leur première année de vie benthique (que l'on appelle groupe zéro : G0) varie entre 7,4 et 17,1 millimètres (Ducrotoy *et al.*, 1991).

Dans le bassin d'Arcachon, de Montaudouin et Bachelet (1996) ont montré que la croissance des coques varie en fonction de leur position sur l'estran. En bas de l'estran, elles grossissent plus vite car elles subissent moins le phénomène de la marée et passent donc plus de temps à filtrer et s'alimenter. La croissance est dépendante du temps d'immersion. En baie de Saint-Brieuc, nous avons montré que le doublement de la durée d'immersion explique environ 30 % de l'augmentation de la croissance pour les cernes (stries de croissance) du premier hiver, 20 % pour les cernes du second hiver et 10 % pour les cernes du troisième hiver. Cela peut être mis en évidence à partir de la comparaison des valeurs du paramètre k (coefficient de croissance) du modèle de von Bertalanffy estimé dans des stations de niveaux bathymétriques différents *(figure 3-2).*

Pour Callaway *et al.* (2014) dans l'estuaire du Burry Inlet (Royaume-Uni), deux facteurs expliquent la croissance lors de la première année : le niveau bathymétrique (durée d'immersion) et la qualité du sédiment.

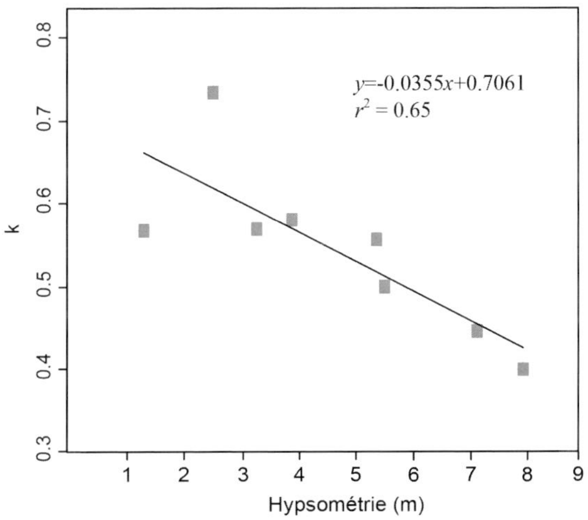

Figure 3-2. Valeur du paramètre k du modèle de von Bertalanffy en baie de Saint-Brieuc modélisé en fonction du niveau hypsométrique (m) d'après Ponsero *et al.*, 2009.

La croissance est saisonnière. Elle débute par exemple en mai au Pays de Galles, est maximale de juin à août, puis négligeable ensuite (Seed et Brown, 1977 ; Hancock et Franklin, 1972). Les coques vont en général perdre du poids l'hiver et subir une mortalité importante en lien avec la rigueur de l'hiver.

Dans les régions soumises à des cycles de températures bien marqués, les rythmes saisonniers de croissance s'inscrivent dans les tissus minéralisés. La fluctuation de la vitesse de croissance entraîne, sur ces pièces, une alternance de zones de croissance rapide et des zones de ralentissement, voire d'arrêt de croissance. Cette forte saisonnalité de la croissance entraîne la formation de stries d'accroissement sur la coquille *(figure 3-3)*. Ces stries sont utilisées pour déterminer l'âge des individus et pour étudier la croissance différentielle des populations (Richardson *et al.*, 1980 ; Jones et Baxter, 1987). Leur lecture reste cependant difficile car des variations de croissance au cours d'une même année entraînent la formation de stries supplémentaires (Ramon, 2003). C'est d'autant plus le cas lorsque les températures hivernales restent élevées (basses latitudes).

Figure 3-3. Stries d'accroissement (coque de 4,2 centimètres).

Depuis quelques années, les études sur la croissance des coques peuvent être réalisées en étudiant les structures internes des coquilles à partir de coupes sagittales. L'analyse des microstructures internes des coquilles peut permettre d'approfondir la croissance entre chaque cycle de marée (Bellamy *et al.*, 2009).

La relation qui relie la taille des individus (mesurée en millimètres) et la masse de matière vivante produite (masse de matière sèche libre de cendre) s'exprime sous la forme d'une équation $W = aL^b$ où W représente la masse sèche libre de cendre ($g.m^{-2}$), L la taille des individus (mm), a et b les paramètres de l'équation établie pour le site. Les paramètres de cette équation permettent aux spécialistes une comparaison précise entre sites *(tableau 3-2)*.

Tableau 3-2. Comparaison des paramètres de modélisation de la relation taille-masse dans différents sites.

Sites	a	b	Source
Angleterre/Pays de Galles	$3,2.10^{-6}$	3,083	Sutherland, 1982
France, baie de Somme	3.10^{-6}	3,0969	Triplet *et al.*, 1999
France, baie de Saint-Brieuc	4.10^{-6}	3,3504	Ponsero *et al.* 2009
France, Saint-Jacut	4.10^{-6}	3,3381	Delisle *et al.*, 2011
France, baie d'Arcachon	$2,95.10^{-5}$	2,55	Gam *et al.*, 2010
Maroc, Merja Zerga	$2,9.10^{-6}$	2,9	Gam *et al.*, 2010

Biomasse et production

En fonction des sites et des saisons, la coque peut représenter jusqu'à 60 % de la biomasse en macrofaune benthique (Ramon, 2003). Elle joue donc un rôle important dans le fonctionnement des écosystèmes intertidaux (Beukema et Dekker, 2006). En baie de Saint-Brieuc elle représente entre 20 à 30 % de la biomasse macrobenthique[6] totale et entre 60 et 80 % de la biomasse des bivalves (Ponsero et Sturbois, 2014).

La biomasse produite (exprimée en gramme de matière sèche par mètre carré ou g.AFDW.m^{-2}) est de l'ordre de 10 à 40 g avec une valeur pouvant atteindre jusqu'à 100 g.AFDW.m^{-2}. Dans le bassin d'Arcachon la biomasse est évaluée entre 21 et 25 g.AFDW.m^{-2} (Gam *et al.*, 2010), 32,5 g.AFDW.m^{-2} dans la baie de Marennes-Oléron (Sauriau, 1992), et de 44,9 g.AFDW.m^{-2} en baie du Mont-Saint-Michel (Trigui, 2009). En mer des Wadden, la production varie de 7,6 à 101,6 g.AFDW.m^{-2} (Beukema et Dekker, 2006). En baie de Saint-Brieuc, la biomasse moyenne sur l'ensemble du site, varie en fonction des années entre 6,01 g. AFDW.m^{-2} à 14,52 g.AFDW.m^{-2} (moyenne : 10,3 ± 2,7) avec les maxima variant de 43 à 388,5 g.AFDW.m^{-2}. La production reste donc très variable et dépend de nombreux facteurs.

Structure des populations

Les histogrammes en classes de taille sont généralement polymodaux *(figure 3-4)* avec un chevauchement des différentes cohortes[7] pour les classes d'âge les plus élevées (Lindergarth *et al.*, 1995 ; Ramon, 2003 ; Ponsero *et al.*, 2009). Pour tenter de différencier la probabilité d'appartenance des coques à l'une ou l'autre des cohortes, la probabilité pour chaque coque d'appartenir à une cohorte en fonction de sa taille peut être calculée à partir des courbes normées des différentes cohortes obtenues grâce à l'analyse des cernes (ou stries) de croissance (Ponsero *et al.*, 2009). Les paramètres des cohortes composant la structure démographique établie chaque année sont optimisés par la méthode des maxima de vraisemblance (Hasselblad, 1966).

Un fort recrutement est par exemple observé en 2003, 2004 et 2008 *(figure 3-4)*, une population âgée en 2002, 2005 et 2009, et les différentes classes d'âge sont bien représentées en 2001. Cela révèle une grande variabilité inter-annuelle de la structure de la population dépendant du recrutement de l'année et des années précédentes.

---

6. Benthos : ensemble des organismes aquatiques vivant à proximité du fond des mers. Le macrobenthos correspond aux animaux d'une taille supérieure au millimètre.

7. Cohorte : groupe d'individus particuliers comme un groupe d'âge donné que l'on peut suivre au cours du temps.

La particularité principale de la coque est certainement la flexibilité de sa stratégie démographique (Seed et Brown, 1978 ; Sauriau, 1992). De ce point de vue, l'estimation des paramètres biologiques d'une population ne peut se faire qu'à partir d'un échantillonnage adapté à la dispersion spatiale et à la variabilité temporelle.

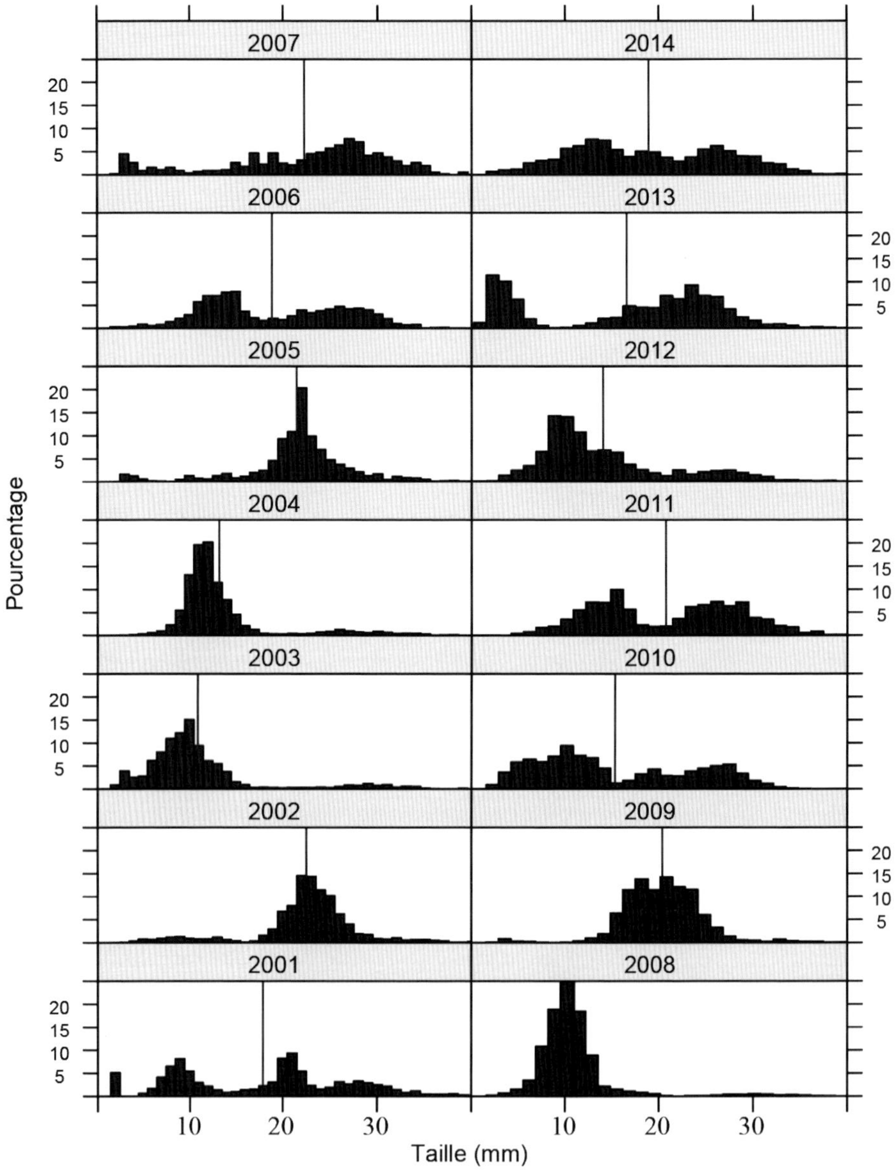

Figure 3-4. Classes de taille des coques observées en baie de Saint-Brieuc de 2001 à 2014, exprimées en pourcentage du total.

a)

b)

Figure 1-2. Comparaison entre *Cerastoderma edule* (a) et *C. glaucum* (b) © Michel Le Quément.

Figure 2-2. Style cristallin enzymatique (extrait du tube digestif pour la photo).

Figure 2-3. Groupe de coques sur le sédiment.

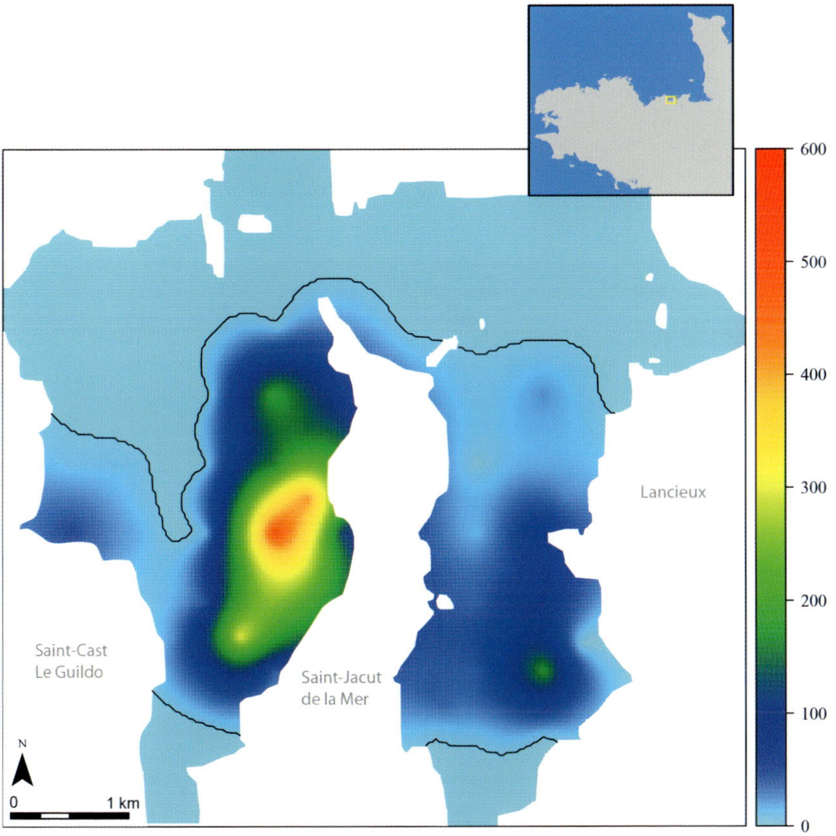

Figure 4-1. Répartition de *Cerastoderma edule* à Saint-Jacut-de-la-Mer (Côtes-d'Armor). Valeur moyenne 2008-2012 en nombre d'individus par mètre carré ; données et carte non publiées (source : VivArmor Nature).

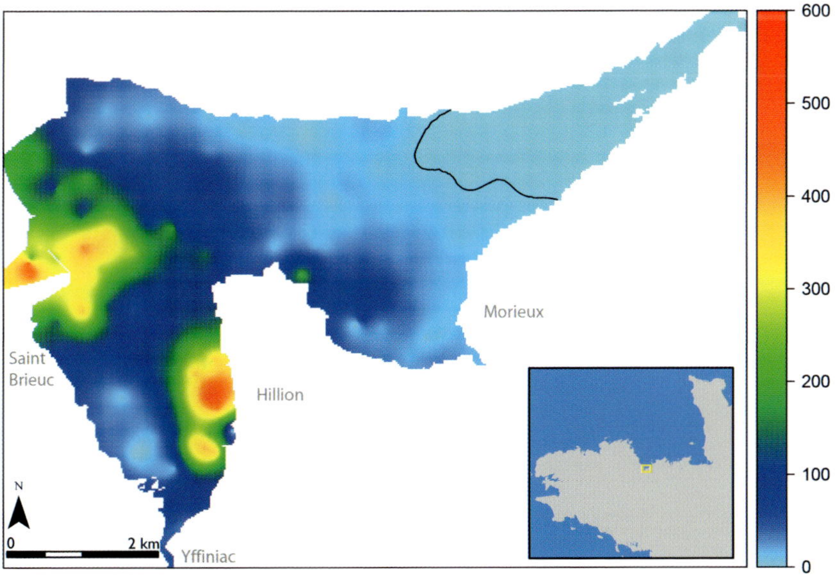

Figure 4-2. Répartition de *Cerastoderma edule* sur l'estran de la baie de Saint-Brieuc. Valeur moyenne 2001-2008 en nombre d'individus par mètre carré (source : VivArmor Nature).

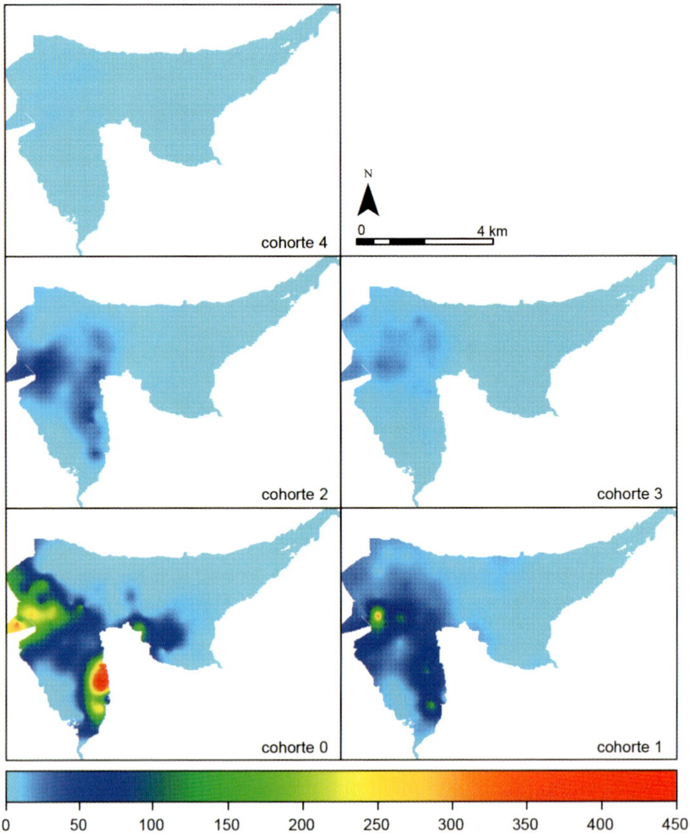

Figure 4-3. Carte de répartition spatiale des différentes cohortes en baie de Saint-Brieuc (valeurs moyennes en nombre d'individus par mètre carré, modélisées par krigeage de 2001 à 2014) (source : VivArmor Nature).

Figure 4-9. L'huîtrier-pie, principal prédateur de la coque © Yannick Chérel.

Figure 4-10. Consommation par le bécasseau maubèche d'une coque cassée par le passage d'un engin de pêche (le maubèche ne pouvant pas casser une coque de cette taille).

Gymnophallus choledocus

Hôte provisoire 1 (HP1) : la coque

Hôte provisoire 2 (HP2) : un ver annelé (annélide polychète de type *Nereis*)

Hôte définitif (HD) : un oiseau marin

- Prévalence faible chez la coque.
- Multiplication intensive (sous forme de larve rédie) dans la coque qui en meurt. Les cercaires, second type de larves mobiles, quitteront la coque mourante pour rejoindre le ver HP2.

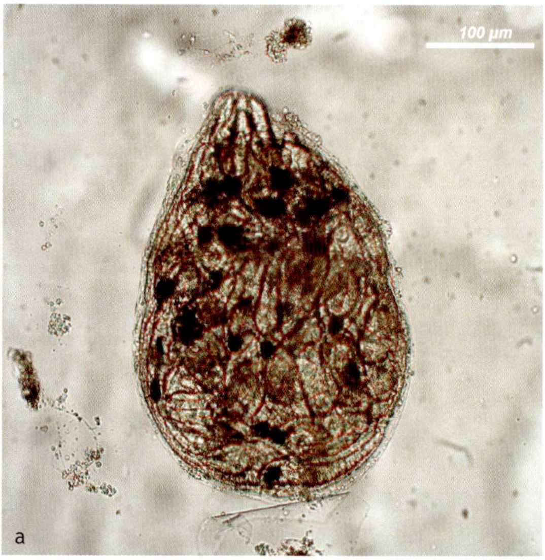

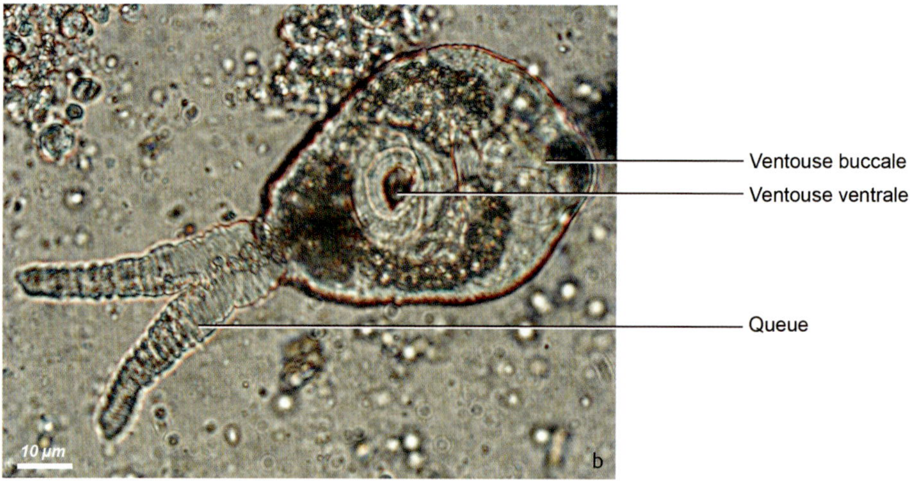

Figure 5-2. ***Gymnophallus choledocus***, larve sporocyste (a) et cercaire (b).

Bucephalus (Labratrema) minimus

HP1 : la coque

HP2 : un poisson, le gobie (*Pomatoschistus* sp.)

HD : un poisson (le bar)

Prévalence faible chez la coque en général, pouvant atteindre 50 % à Arcachon. En baie de Saint-Brieuc elle varie de 2 à 20 % en fonction des sites (de Montaudouin *et al.*, 2009).

Multiplication intensive dans l'hémolymphe (sang), la gonade ou la glande digestive de la coque. Noter sur la *photo a* les concentrations très élevées en parasites sous la forme de sporocystes, sorte de longues chaussettes. Les larves cercaires (*photo b*) quitteront ces sporocystes puis la coque et chercheront activement le gobie (HP2) pour y pénétrer par la base des nageoires ou les branchies (Malek, 2001). Ses deux longs palpes servent à adhérer à l'épiderme du gobie. Ces larves (plusieurs centaines, *photo c*) seront stockées dans le foie du poisson. Lorsqu'un gobie infesté sera consommé par un bar, il sera contaminé et prendra sa forme adulte.

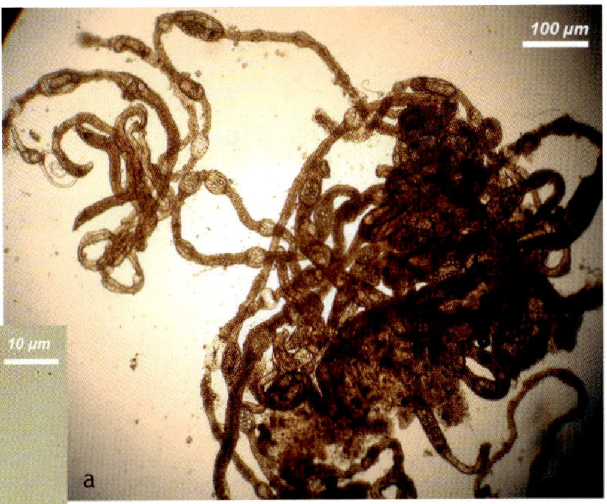

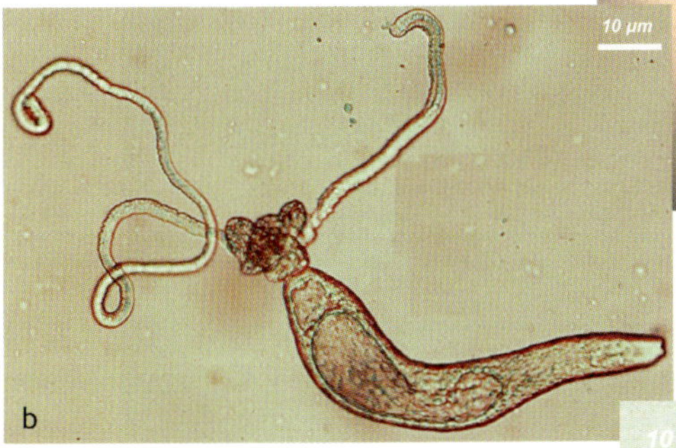

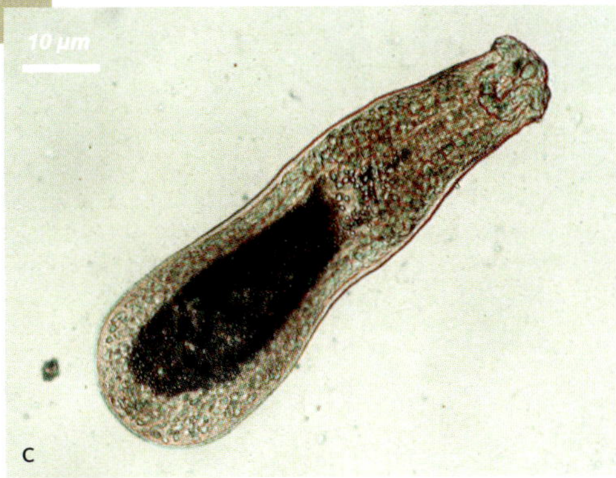

Figure 5-3. ***Bucephalus minimus***, larve cercaire de 0,2 mm avec deux longs tentacules (b).Sporocystes en forme de longue chaussette contenant les cercaires en formation (a). Forme métacercaire dans le foie d'un gobie (c).

Himasthla spp.

HP1 : le gastéropode hydrobie (*Peringia ulvae*)

HP2 : la coque

HD : un oiseau marin (goéland ou huîtrier-pie)

Prévalence élevée de 84 à 100 % à Arcachon (de Montaudouin *et al.*, 2000 ; de Montaudouin *et al.*, 2009) et de 100 % en baie de Saint-Brieuc (de Montaudouin *et al.*, 2009).

Dans le pied de la coque, le parasite fabrique un kyste (stade métacercaire) lui permettant d'attendre, si besoin, plusieurs mois que la coque soit mangée par un huîtrier-pie. Ces kystes semblent peu néfastes aux coques ; le parasite ayant tout intérêt à ce que la coque vive le plus longtemps possible. Ce qui augmentera la probabilité qu'elle se fasse manger par l'HD.

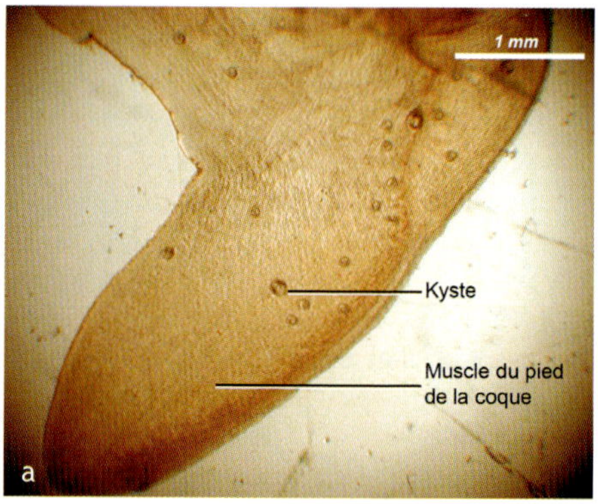

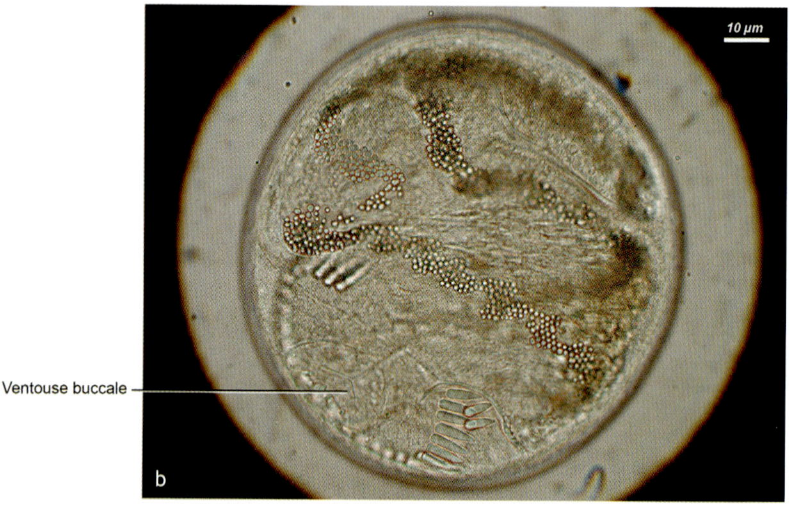

Figure 5-4. Kystes d'*Himasthla*. On notera la couronne d'épines autour de la tête qui lui permettra de s'ancrer dans l'intestin de l'hôte définitif (b).

Monorchis parvus

HP1 : la coque

HP2 : plusieurs bivalves

HD : un poisson marin

- Prévalence faible.

- Multiplication intensive sous forme de sporocystes (*a*) dans la coque.

Chacune des balles germinales est issue d'une multiplication asexuée et donnera une larve cercaire (*b*).

Les cercaires (plusieurs milliers) quitteront la coque pour rejoindre l'HP2 en nageant à l'aide de leur queue.

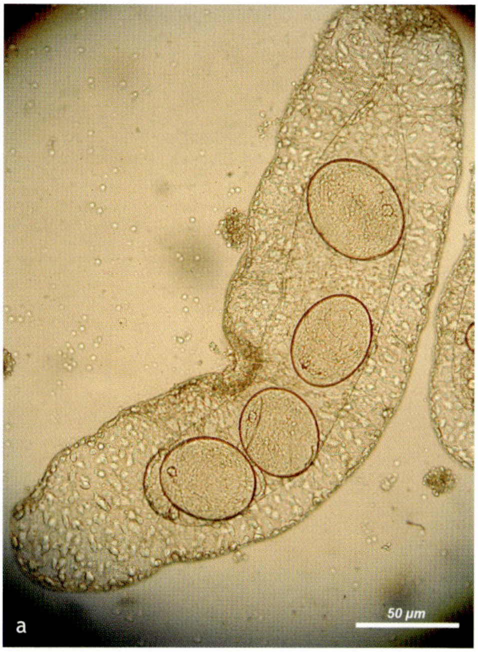

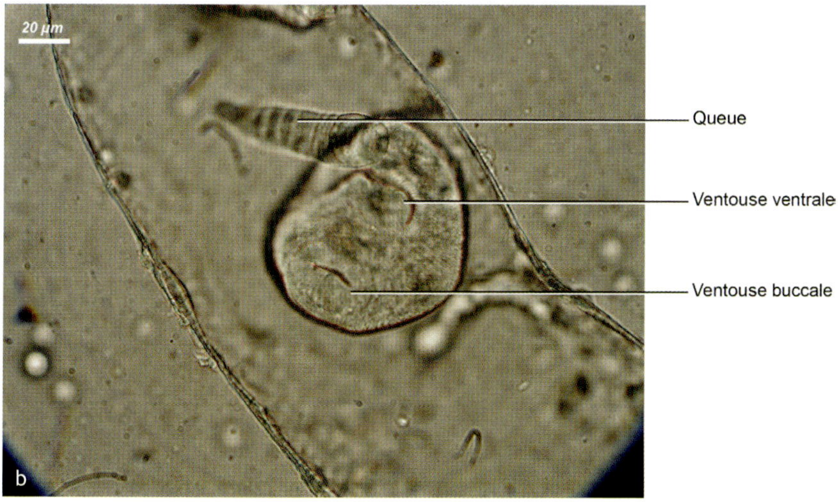

Figure 5-5. ***Monorchis parvus***, larve sporocyste (a) et cercaire (b).

Meiogymnoplallus minutus

HP1 : la scrobiculaire (*Scrobicularia plana*)

HP2 : la coque

HD : l'huîtrier-pie et certains anatidés

- Prévalence très élevée chez la coque (100 % en baie de Saint-Brieuc).

- Les cercaires quitteront la scrobiculaire pour s'accumuler chez la coque juste en arrière du crochet dans un repli du manteau.

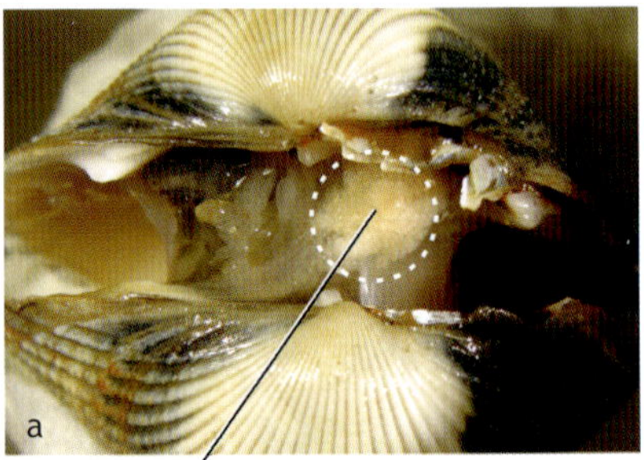

Amas de métacercaires dans la coque, visible en séparant les 2 valves sous le crochet.

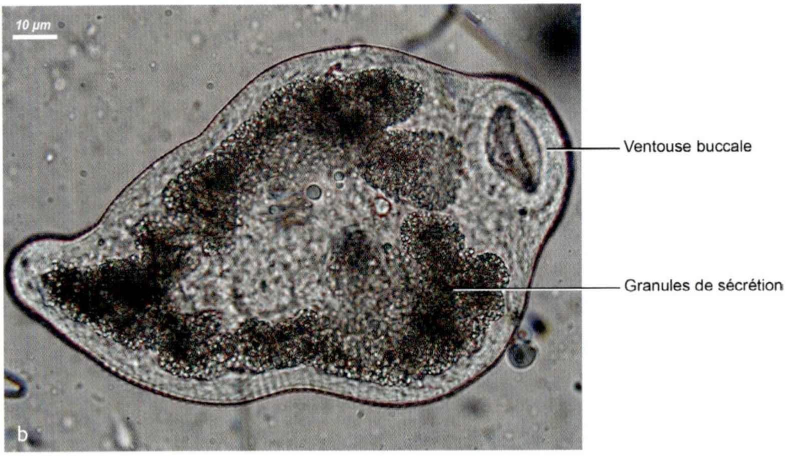

Figure 5-6. *Meiogymnoplallus minutus*, larve métacercaire.

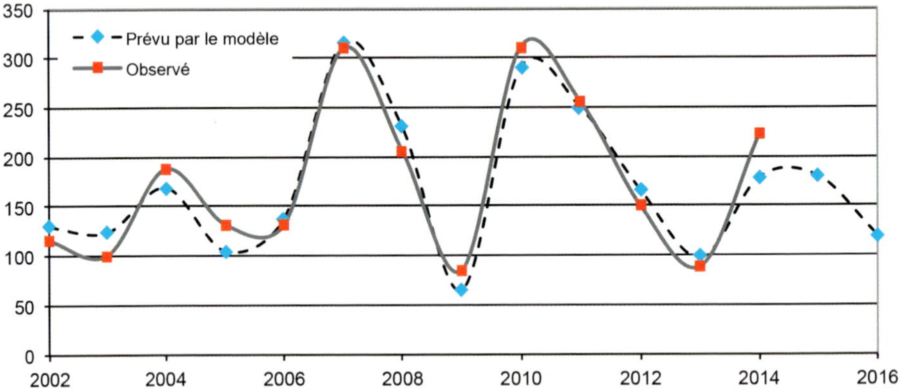

Figure 6-9. Évolution des effectifs théoriques de coques calculés par modélisation pour les coques de taille commercialisable selon le modèle (à l'année n-1, ou n-2 pour 2016) et observé à l'année n (en abscisse les années, en ordonnée le nombre de coque $\times 10^6$).

4

Dynamique des populations

La coque est un animal très commun sur les estrans européens. Sa répartition est toujours agrégative. Malgré une mortalité élevée, on la retrouve parfois en très grande quantité.

Distribution

La coque *Cerastoderma edule* est une des espèces de bivalves la plus fréquemment et la plus largement distribuée le long du littoral européen. Elle est présente de la Norvège au Sénégal (Hayward et Ryland, 1995), plus particulièrement dans les estuaires et les baies sableuses (Tebble, 1966 ; Desprez *et al.*, 1986 ; Lindergarth *et al.*, 1995). Il s'agit d'une espèce euryhaline qui se développe dans des eaux dont le taux de salinité varie entre 18 et 40 % avec un optimal entre 30 et 35 % (Kingston, 1974). La mortalité et le comportement des coques ont été évalués expérimentalement sur une large gamme de salinité de 0 à 35 grammes par litre de sel à 20 °C par Verdelhos *et al.* (2015). Selon cette étude, son optimum de salinité se situe entre 20 et 25 grammes par litre. Il s'agit d'une espèce ubiquiste se répartissant depuis des sables fins jusqu'aux vases sableuses, dont la granulométrie peut varier entre 100 et 400 micromètres (Guillou *et al.*, 1990), avec un *préférendum* pour les sables fins autour de 150 micromètres (Bocher *et al.*, 2007 ; Compton *et al.*, 2009).

Les principaux gisements se situent aux Pays-Bas (Waddenze, Zeelande), au Royaume-Uni (Wash, estuaire de la Tamise, baies de Horecambe et Caenarfon), en Espagne (Galice et côte méditerranéenne). En France, l'espèce est présente sur l'ensemble du littoral. Du nord au sud les gisements les plus constants sont : région de Dunkerque, baie de Canche, baie d'Authie et baie de Somme, baie de Seine, baie des Veys, baie du Mont-Saint-Michel, baie de Saint-Brieuc et de nombreuses anses de Bretagne Nord. Plus au sud, on les retrouve dans la baie de Vilaine, la Baule et l'estuaire de la Loire, les bassins de Marennes-Oléron et d'Arcachon (*voir figure 6-2* ; Quéro et Vayne, 1998).

La coque vit sur une grande partie de la zone de balancement des marées (zone intertidale). Sur une même zone géographique, à l'échelle d'une baie, la répartition des coques est agrégative *(figures 4-1 et 4-2)* comme pour de nombreuses espèces benthiques endogées (Reys, 1971 ; Elliott, 1979 ; Downing, 1979 ; Kraan, 2010). Les densités dépendent du temps d'immersion et de la granulométrie du sédiment (Kraan *et al.*, 2010). Les densités peuvent varier de quelques individus à plusieurs milliers par mètre carré (le maximum observé en baie de Saint-Brieuc : 2 752 individus par mètre carré en 2008). Des densités de 5 000 individus par mètre carré ont été observées à Oosterschelde en Belgique en 1985 (Coosen *et al.*, 1994) et jusqu'à 54 474 individus par mètre carré à Norderneg en mer des Wadden (Ducrotoy *et al.*, 1991).

Du point de vue de la répartition spatiale du gisement, les densités maximales sont observées en baie de Saint-Brieuc au niveau de la zone de mi-marée (***voir carte page III***). En baie du Mont-Saint-Michel, les abondances maximales s'échelonnent généralement entre 3,9 et 6,8 mètres au-dessus du zéro hydrographique (Trigui, 2009).

Répartition spatiale

À l'intérieur d'une sous-population, la répartition spatiale chez *Cerastoderma edule* est classiquement agrégative (Ponsero *et al.*, 2009 ; Boldina et Beninger, 2013). Elle est notamment due au recrutement qui s'opère sur des zones plus favorables (voir *chapitre 2*).

Une ségrégation spatialisée des générations est cependant observée, comme cela a été mis en évidence sur de nombreux sites pour *Macoma balthica* (Bachelet, 1979 ; Hiddink et Wolff, 2002) et *C. edule* (Sutherland, 1982). La répartition spatiale varie en fonction de l'âge, et donc de la taille des individus. Les classes de taille des coques les plus élevées se retrouvent aux niveaux bathymétriques les plus faibles (bas de l'estran). Il existe une corrélation entre la taille moyenne des coques par station et le niveau bathymétrique des stations.

Généralement, les gisements de coques se caractérisent par une forte hétérogénéité spatiale des densités et des biomasses (Farrow, 1974). À l'inverse de ce qui est observé en baie de Somme (Desprez *et al.*, 1989) ou en Écosse (Farrow, 1974), cette structuration spatiale est assez stable en baie de Saint-Brieuc, sur une durée de 14 années de suivis. Les zones de recrutement (groupe d'âge 0) sont géographiquement assez bien définies et localisées sur des surfaces limitées (sauf lors de phases de recrutement exceptionnel) au niveau de la zone de mi-marée alors que les groupes d'âge de 4 et 5 ans sont situées en deçà de la zone de mi-marée (***voir carte page IV***).

Il est probable que le mécanisme expliquant la présence des petites coques à mi-marée et des grosses plus bas sur l'estran soit dû à un transport passif, un déchaussement provoqué par les vagues lors des tempêtes ou des crues importantes (Anta *et al.*, 2013), avec un roulement de l'animal lié à la pente et au courant.

À l'échelle de l'aire de distribution de l'espèce le long des côtes atlantiques, les sous-populations semblent relativement isolées. Martínez *et al.* (2012), en utilisant des marqueurs microsatellites, ont pu montrer une divergence génétique, soit un relatif isolement de ces sous-populations.

Dynamique des populations

Les effectifs de coques peuvent varier annuellement sur certains sites ou rester stables pendant de plus longues périodes sur d'autres. Différents facteurs agissent sur le recrutement, la croissance et la mortalité dans les populations naturelles. Le schéma suivant (*figure 4-4*) les présente de manière synthétique.

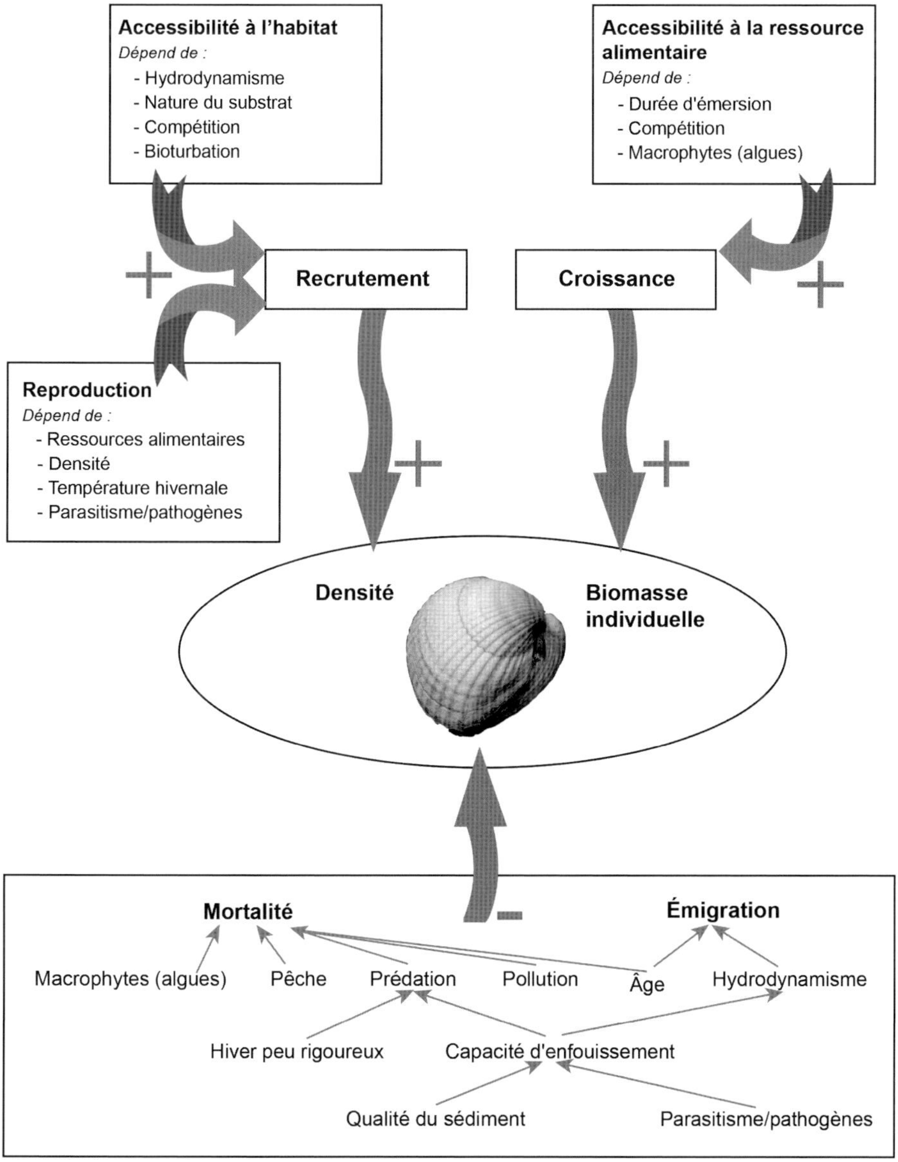

Figure 4-4. Facteurs régulant la dynamique des populations de coques. D'après de Montaudouin, 1995 et Burdon *et al.*, 2014.

Mortalité

Une revue des différents facteurs (prédation, maladie, changement climatique, pollution…) influençant les taux de survie a été publiée en 2012 (Malham *et al.*, 2012) et 2014 (Burdon *et al.*, 2014). Elle inventorie les grands déclins des populations observées. Le suivi sur plusieurs années de la dynamique de populations de coques en baie de Saint-Brieuc a permis d'estimer le taux de mortalité moyen inter-annuel. Il est globalement constant, entre 50 et 70 % de l'effectif présent l'année précédente (*figure 4-5* ; Ponsero *et al.*, 2009).

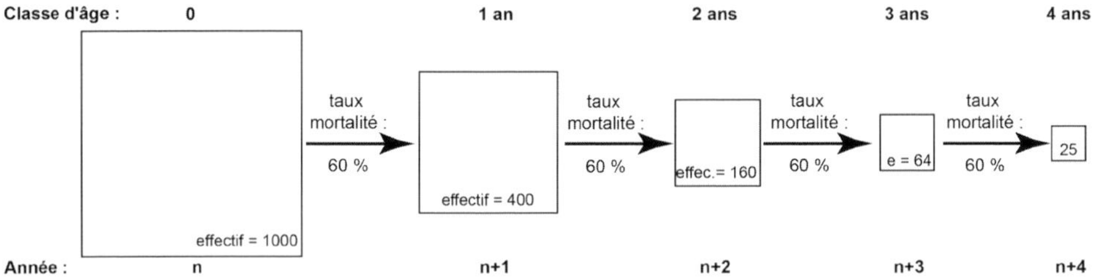

Figure 4-5. Schématisation des effectifs d'une cohorte au cours des années (avec un taux de mortalité inter-annuel moyen constant de 60 %).

Le taux de mortalité calculé ici est dit total puisqu'il englobe toutes les causes de mortalité naturelle ou anthropique. Plusieurs auteurs se sont intéressés à la prédation qui intervient sur les juvéniles. En particulier Reise (1985) montre clairement que la pression de prédation se concentre sur les premiers stades de croissance de la coque et diminue progressivement au cours de la croissance. On peut par exemple citer la prédation sur le naissain de coques par le flet (*Platichthys flesus*) (Wolff *et al.*, 1981), par le crabe vert (*Carcinus maenas ; figure 4-6*) (Brock, 1980 ; Sanchez-Salazar *et al.*, 1987a-b ; Whitton *et al.*, 2012) ou par la crevette grise *Crangon crangon* (Andresen, 2013 ; Beukema et Dekker, 2014).

Figure 4-6. Prédation par le crabe vert.

Flach (2003) a montré que la prédation des crabes pouvait entraîner une réduction de près de 90 % du succès du recrutement des coques, tandis que Jensen et Jensen (1985) ont estimé dans un autre contexte que seulement 6 % de la production totale de coques ont été compromis par la prédation par les crabes. Mascaro et Seed (2000) ont montré que les crabes verts de grande taille (*C. maenas*) dont la carapace mesure entre 55 et 70 millimètres consomment préférentiellement des coques de 10 à 20 millimètres, tandis que les individus de taille moyenne (40-55 millimètres) consomment des coques de 5 à 10 millimètres.

Les hivers rigoureux entraînent une diminution des populations de prédateurs épibenthiques[8] de type crabe vert et crevette grise (Strasser *et al.*, 2003) favorisant ainsi la production de jeunes coques. Ce lien de cause à effet a été mis en évidence sur un suivi de 30 ans en mer de Wadden par Beukema et Dekker (2014), illustré par la *figure 4-7*. Romano *et al.* (2011) ont étudié le comportement d'enfouissement des coques dans deux types de sédiments, en présence et absence de crabe vert de manière expérimentale. Contrairement à ce qui était attendu, les coques ne s'enfouissent pas plus en présence de crabes.

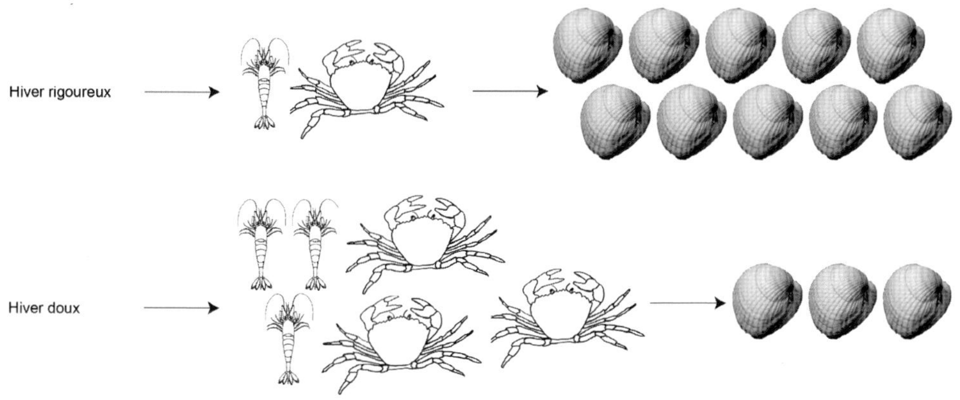

Figure 4-7. Les jeunes crevettes grises et crabes verts, âgés de quelques mois, consomment beaucoup de naissains de coques. Lors des hivers froids, ces prédateurs ne survivant pas, ce qui permet une survie des jeunes coques. Á l'inverse, lors des hivers doux, les jeunes prédateurs survivant sont plus nombreux, ce qui limite le recrutement. Adapté de Beukema et Dekker (2014).

La prédation par les limicoles, en particulier par l'huîtrier-pie *(**voir planche photos page V**)*, intervient sur les individus d'environ 2 centimètres, soit sur des individus âgés d'un an et demi environ (Triplet, 1996 **;** Triplet *et al.*, 1999) ou entre 15 et 30 millimètres d'après West *et al.* (2007). Schwemmer *et al.* (2014) montrent que c'est la proie la plus fréquemment consommée par l'huîtrier-pie. Des restes de

8. Épibenthique : vivant à la surface du sédiment.

coques ont été observés dans les fèces de limicoles comme les bécasseaux variables *Calidris alpina* (Durell et Kelly, 1990 ; Le Dréan Quénec'hdu et Mahéo, 1997 ; Cabral *et al.*, 1999), les bécasseaux maubèches *Calidris canutus* ***(voir planche photos page V)***, (Dekinga et Piersma, 1993 ; Quaintenne *et al.*, 2014 ; Sturbois *et al.*, 2015), les barges rousses *Limosa lapponica* (Goss-Custard *et al.*, 1977b ; Scheiffarth, 2001 ; Duijns *et al.*, 2013), le pluvier argenté *Pluvialis squatarola* (Goss-Custard *et al.*, 1977b ; Durell et Kelly, 1990), les courlis cendrés *Numenius arquata* (Le Dréan Quénec'hdu et Mahéo, 1997) ou l'avocette *Recurvirostra avosetta* (Moreira, 1995). Les limicoles se partagent cette proie *(figure 4-8)* car chaque espèce se focalise sur une taille de proie qui lui est optimale. Les grosses coques de plus de 3 centimètres ne sont en revanche pas consommées.

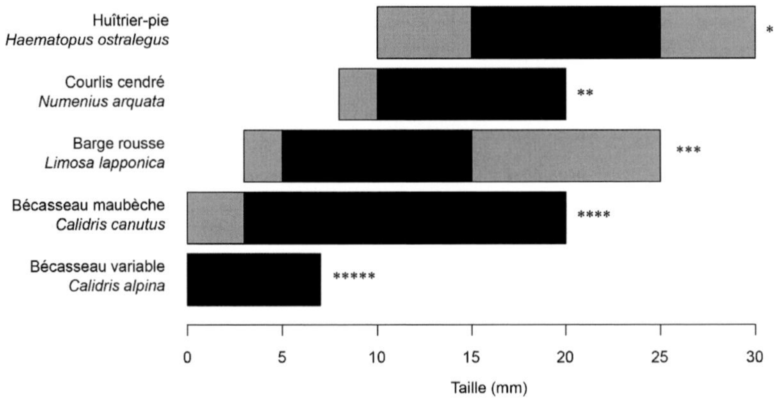

Figure 4-8. Tailles des coques consommées par les limicoles. En noir, la gamme de taille la plus fréquemment citée dans la littérature et en gris les valeurs plus extrêmes.

* : Zwarts *et al.*, 1996 ; Goss-Custard, 1996 ; West *et al.*, 2007. ** : Goss-Custard *et al.*, 1977b ; West *et al.*, 2007 ; Dekinga et Piersma, 1993. *** : Duijns *et al.*, 2013. **** ; Dekinga et Piersma, 1993 ; Piersma *et al.*, 1993b ; Zwarts et Blomert, 1992 ; Guéguen *et al.*, (en prép.) ; West *et al.*, 2007 ; Goss-Custard *et al.*, 1977b; Piersma *et al.*, 1993a-b ; Dekinga et Piersma, 1993 ; Quaintenne *et al.*, 2014. ***** : Goss-Custard *et al.*, 1977a ; Mouritsen, 1994.

En dépit de leur spécialisation pour certaines classes de taille, les limicoles sont également opportunistes et peuvent profiter des coques affaiblies entrouvertes au point de ne plus pouvoir s'enfouir. Ainsi, le bécasseau maubèche (***voir planche photos page V***) peut consommer des coques mortes ou affaiblies de tailles comprises entre 25 mm et 35 mm. D'autres espèces comme l'huîtrier-pie ou les goélands peuvent également profiter de cette ressource alimentaire (Poot *et al.*, 2014).

Les températures extrêmes jouent un rôle important dans la mortalité des différentes classes d'âge. La tolérance au stress thermique peut varier en fonction de la saison et l'état physiologique des animaux. La mortalité hivernale touche plus particulièrement les plus petits individus (Sauriau, 1992). Les populations peuvent être atteintes lorsque la température du sédiment passe en dessous de -7 °C. Pour les températures élevées, Kristensen (1957) a montré que le seuil de tolérance de l'espèce se situait aux environs de 34 °C avec un seuil létal à 36 °C. Le naissain résiste mieux que les adultes aux températures élevées.

L'impact de la pêche à pied de loisir *(figure 4-11)* ou professionnelle reste difficile à évaluer mais peut avoir un impact non négligeable (voir *chapitre 6*) sur la dynamique de population. L'impact du parasitisme est rarement évoqué dans les études de dynamique des populations de bivalves. Le chapitre suivant souligne l'importance du phénomène sans pour autant en évaluer l'impact. Notons qu'une pollution diffuse ou accidentelle peut fragiliser les individus qui vont être moins résistants, et donc plus sensibles à l'attaque des parasites ou des prédateurs, l'impact de ces facteurs en interaction étant supérieur à celui de la simple somme des deux.

Figure 4-11. Prélèvement de coques par les pêcheurs amateurs.

Afin d'illustrer les prélèvements sur les gisements de coques qui peuvent avoir lieu au cours d'un hiver, la Réserve naturelle de la baie de Saint-Brieuc a comparé la structure de la population entre l'automne et le printemps suivant *(figure 4-12)*. De novembre 2010 à mars 2011, une déplétion a été mise en évidence. Les classes de tailles 7-20 millimètres et 25-29 millimètres affichent une nette diminution entre les deux campagnes (diminution respective de 3,2 et 8,4 tonnes de matière sèche). Cette espèce est particulièrement appréciée par l'huîtrier-pie et le bécasseau maubèche (Sturbois *et al.*, 2015 ; Ponsero et Le Mao, 2011). La classe de taille 7-20 millimètres correspond à des fractions du gisement exploitables par ces espèces, ce qui contribue probablement à expliquer la déplétion observée. Quant à la déplétion des classes 25-29 millimètres, elle est très certainement due aux prélèvements par les pêcheurs.

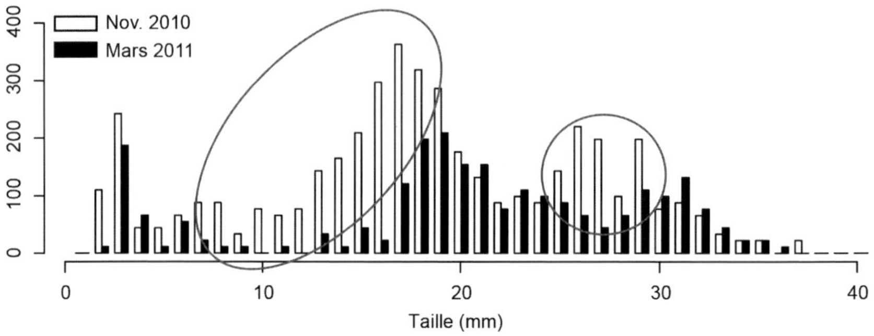

Figure 4-12. Déplétion hivernale du gisement de coques de la baie de Saint-Brieuc entre novembre 2010 et mars 2011 (Ponsero et Sturbois, 2014). En abscisse : taille des coques ; en ordonnée : effectif total du gisement. Cercle gauche : mortalité due au prélèvement des limicoles ; cercle droit : mortalité due au prélèvement des pêcheurs.

5

Pathogènes et parasites de ce bivalve sentinelle

La coque, vivant dans les baies et les estuaires, subit des agressions liées aux pollutions anthropiques. Sa croissance est aussi impactée par une communauté de parasites se servant d'elle comme milieu de vie. Cette fragilisation semble stimuler l'impact des pathogènes.

Les coques constituent, comme tous les animaux, un milieu de vie pour d'autres organismes qui vivent totalement aux dépens des premiers. Ce phénomène est appelé parasitisme. L'animal parasite vit dans son hôte (ici la coque) en étant plus ou moins néfaste pour lui. Un certain nombre de parasites sont connus chez la coque : des protozoaires ciliés vivant dans l'eau inter-valvaire, des crustacés dans l'intestin et surtout plusieurs espèces de petits vers plats de l'embranchement des Plathelminthes (classe des trématodes digéniens) dans différents organes. Ces vers plats ont des cycles biologiques très complexes.

Les parasites trématodes digéniens

L'adulte du parasite vit chez un vertébré (oiseau ou poisson que l'on nommera hôte définitif : HD). Il émet des œufs qui se retrouvent dans l'eau *via* les excréments du vertébré. De cet œuf, naît une petite larve qui recherche immédiatement un deuxième hôte (hôte provisoire 1 : HP1) pour se multiplier. Il s'agit le plus souvent d'un mollusque, comme la coque. Des larves très mobiles appelées cercaires sont produites en très grand nombre par multiplication asexuée, puis sont libérées dans l'eau. Un troisième hôte (hôte provisoire 2 : HP2) est utilisé par la larve cercaire pour que l'hôte définitif soit plus facilement rejoint. L'HP2 fait le plus souvent partie du régime alimentaire de l'hôte définitif. De cette manière, l'hôte définitif se contamine en consommant l'HP2. Dans ce cas, la forme larvaire du parasite est différente car son rôle n'est plus de se multiplier, mais d'attendre.

Le parasite passe donc successivement dans trois organismes hôtes différents *(figure 5-1)*.

Figure 5-1. Exemple de trois hôtes successifs qui permettront de boucler le cycle biologique d'un parasite trématode digénien.

Selon de Montaudouin *et al.* (2009), 16 espèces de trématodes digéniens utilisent la coque comme hôte intermédiaire sur toute la façade atlantique, avec 9 espèces dans le bassin d'Arcachon (de Montaudouin et Lanceleur, 2011). Au Portugal (ría de Aveiro), 11 des 16 espèces infestent les coques (Freitas *et al.*, 2014). En Irlande, Fermer *et al.* (2011) rapportent la présence de 8 espèces.

Cinq exemples de ces parasites trouvés dans des coques en baie de Saint-Brieuc sont présentés *(**voir planche photos page VI** à **page X**)*. À l'échelle d'une baie ou d'un estuaire, la distribution des communautés de parasites est agrégative. Il semble que la densité des hôtes (autres que la coque) de ces parasites ou l'hydrodynamisme soient en cause. Binias *et al.* (2013) montrent que la salinité n'est pas un facteur explicatif de cette répartition agrégative.

Autres parasites rencontrés

Le ver plat (Plathelminthe, Turbellarié) *Paravortex cardii (figure 5-7)* se trouve parfois dans la coque. Il est considéré comme une espèce commensale plutôt que parasite. Ce petit ver plat de 2 millimètres, très mobile grâce à des cils sur tout le corps, va vivre dans l'intestin de différents bivalves dont la coque. Il est très fréquent, rarement en très grand nombre, et semble inoffensif.

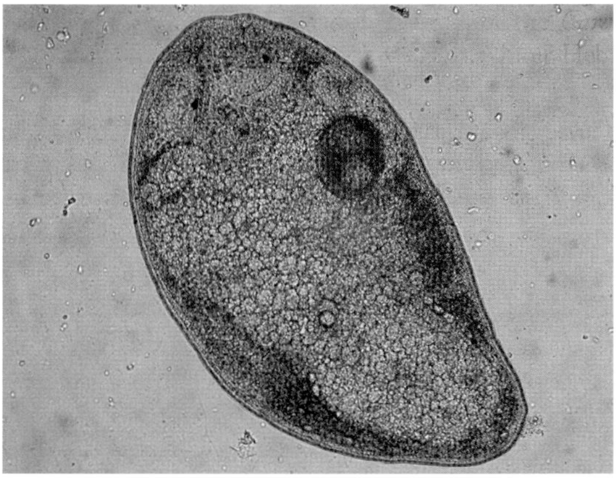

Figure 5-7. *Paravortex cardii* (1 mm).

Dans l'intestin des coques se trouve également parfois un petit crustacé de 2 millimètres, de forme allongée, le *Mytilicola intestinalis (figure 5-8)*. Comme son nom l'indique, il affectionne particulièrement l'intestin des moules (du latin *mytilus,* « moule » et *colere* « habiter »). Une espèce voisine (*Mytilicola orientalis*) est parfois présente en grande quantité dans les élevages d'huîtres creuses.

Comme il vit dans un milieu riche en aliments (phytoplancton, matières organiques), il n'a qu'à y puiser ce dont il a besoin. En élevage, ce parasitisme peut entraîner une baisse de la croissance des animaux parasités.

Il se trouve, en faible quantité, régulièrement dans l'intestin des coques et ne semble pas causer de dommages aux populations.

Figure 5-8. *Mytilicola intestinalis* (3 mm), crustacé copépode mytilicolidé.

Les Protozoaires ciliés sont aussi très présents chez la coque. Ce sont des animaux constitués d'une seule cellule. Très petits, ils sont invisibles à l'œil nu. Au microscope, les cils qui caractérisent l'embranchement des Ciliés s'observent facilement *(figure 5-9)*.

Une espèce, la trichodine, affectionne particulièrement les coques. Elle vit dans l'eau inter-valvaire près des branchies et peut s'y fixer. Elle est présente dans toutes les coques de la baie de Saint-Brieuc, parfois en nombre très important.

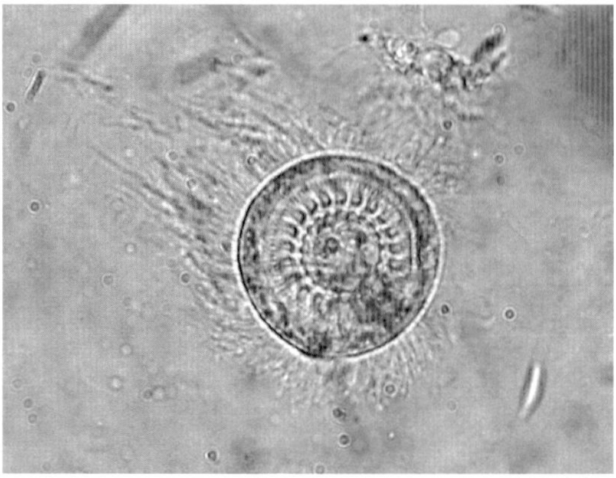

Figure 5-9. ***Trichodina* sp.** (50 µm). On peut observer de longs cils sur le pourtour de l'animal.

Cette espèce est peu connue. Il semblerait qu'elle soit néfaste aux jeunes coques fragilisées, en puisant de l'hémolymphe[9] sur les branchies, favorisant ainsi des infections microbiennes secondaires (Lauckner, 1983).

D'autres macro-parasites ont été trouvés dans les coques (de Montaudouin *et al.*, 2009). Les effets des parasites dépendent en général de leur nombre présent dans l'hôte. Dans la littérature scientifique, plusieurs cas d'effets néfastes sont signalés. On trouve d'abord des cas de mortalité élevée (Jonsson et André, 1992), mais aussi parfois une destruction des gonades qui entraîne une castration d'une partie des individus, ce qui diminue notablement le stock de reproducteurs (Boyden, 1972).

Lorsque la coque est le premier hôte provisoire, on constate une pullulation de parasites qui entraîne la mort de l'hôte, avec une prévalence relativement faible. L'HP1 sert uniquement à multiplier de manière intensive le parasite fournissant ainsi un très grand nombre de formes infestantes qui se mettront « en attente » dans le deuxième hôte provisoire.

Lorsque la coque est le second hôte provisoire, elle ne sert qu'à véhiculer et transmettre les parasites vers l'hôte définitif. Dans cette situation, la virulence du parasite doit être faible, car elle ne doit pas entraîner sa mort, sinon le parasite meurt également. On observe alors une faible pathogénicité mais avec une prévalence élevée ; ce qui augmente d'autant plus les probabilités d'infestation de l'hôte définitif par consommation de l'HP2.

En baie de Saint-Brieuc, les coques présentes à la surface du sédiment (« coques remontantes ») sont plus parasitées par des kystes d'*Himasthla (figure 5-4)*. Cela

9. Hémolymphe : équivalent du sang chez les mollusques.

pourrait indiquer un effet néfaste du parasite sur l'animal affaibli. Certains auteurs y voient une stratégie du parasite : il ne s'agirait pas d'un hasard si le parasite s'installe dans le pied de la coque. Le parasite pourrait entraîner une diminution des capacités de la coque à s'enfouir correctement, devenant ainsi plus accessible aux oiseaux (hôte définitif). Ce phénomène est appelé mécanisme de favorisation (Combes, 1995). Cependant, ce résultat n'est pas confirmé par Morgan *et al.* (2012) qui montrent que les deux groupes (coques de surface et de profondeur) n'ont pas une concentration différente en métacercaires de trématodes dans leurs tissus.

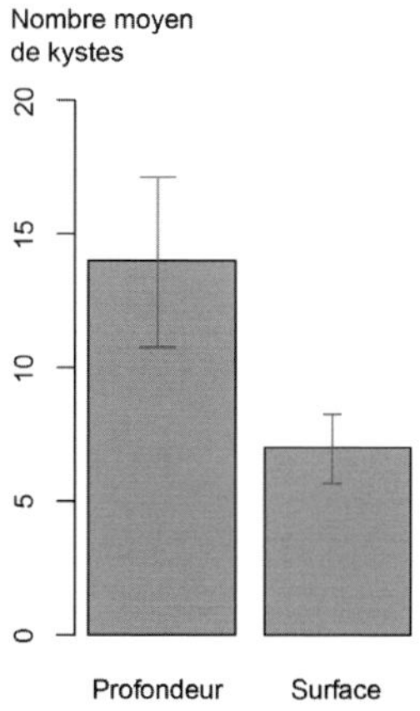

Figure 5-10. Nombre moyen de kystes dans le pied ± erreur standard (coque de surface n = 35, profondeur n = 40 coques d'environ 3 cm ; données UCO, juin 2003, non publiées).

Le parasitisme n'est pas le seul facteur qui permet d'expliquer la remontée des coques en surface. Le manque d'oxygène est le facteur le plus incriminé. Une moindre résistance au stress thermique (canicule par exemple) a également été mise en évidence lorsque les coques sont parasitées par *Himasthla* spp. (Lauckner, 1983) et meurent plus rapidement que des coques non parasitées.

Les parasites représentent donc pour la coque une cause sérieuse de mortalité directe, et par ce biais de régulation des populations. Il semble aussi que cela les rend moins résistantes aux perturbations de l'environnement (climatiques, pollutions) ou diminue leur croissance (Hancock, 1970 ; Lauckner, 1983 ; Jonsson et André, 1992 ; Wegeberg et Jensen, 2003 ; Thieltges, 2006). L'impact des pollutions ou des évènements climatiques serait amplifié par un parasitisme important.

Une autre question se pose : l'infestation parasitaire et sa mortalité induite peuvent-elles être considérées comme conséquences d'un affaiblissement des animaux dû aux disfonctionnements de l'écosystème (pollutions ou bouleversement des équilibres) ? Des coques fragilisées, au système immunitaire déficient, seront plus facilement « attaquables » par les parasites. Des études approfondies sont nécessaires pour mieux comprendre le phénomène. De même, le changement climatique, à travers l'augmentation de la température de l'eau et son acidification, bouleversera les équilibres entre hôtes et parasites. La multiplicité des relations hôtes-parasites, comme nous venons de le voir chez la coque, commence à être bien documentée et devient un matériel pertinent pour étudier ou modéliser l'impact du changement climatique sur ces relations (de Montaudouin *et al.*, 2015).

Afin de rassurer le lecteur, aucune étude n'a pu montrer que ces parasites pouvaient se transmettre à l'homme et induire des maladies. Même en absence de cuisson, ils sont détruits par l'acidité de l'estomac et les enzymes digestives.

Enfin, en ce qui concerne les autres maladies de la coque, Longshaw et Malham (2012) ont rédigé une synthèse exhaustive des pathogènes présents chez la coque (virus, bactéries, champignons, apicomplexes, amibes, ciliés, haplosporidés, cercozoaires, turbellariés, digéniens, cestodes, nématodes, crustacés et némertes).

La coque, espèce sentinelle

Les mélanges complexes de contaminants présents dans les zones côtières et estuariennes recèlent des substances pour lesquelles des analyses chimiques ne sont pas encore disponibles. Ces dernières sont coûteuses ou nécessitent du matériel de précision. Le besoin de développer des stratégies s'impose pour savoir si un écosystème donné est en état de stress à cause de pollutions. Comme le montrent des études menées depuis trente ans, l'approche par une batterie de biomarqueurs[10] semble être efficace dans l'estimation de l'action de ces mélanges complexes de polluants et l'évaluation de l'état de santé de l'écosystème (Amiard et Amiard-Triquet, 2008 ; Jha, 2008 ; Aït Alla *et al.*, 2006). Des activités enzymatiques, des composants sub-cellulaires, mais aussi des indicateurs globaux comme la masse et les quantités de réserves, sont communément utilisés comme biomarqueurs (Jemec *et al.*, 2010) chez de nombreux organismes marins (mollusques, poissons, annélides…).

Le couplage de différents types de biomarqueurs entre eux lors d'une étude permet d'avoir une meilleure vue d'ensemble de l'impact d'une pollution sur un écosystème (Amiard-Triquet et Rainbow, 2009 ; Jha, 2008).

La coque fait partie des animaux intéressants à utiliser du fait de ses caractéristiques : benthique, côtière, très peu mobile et filtreur. Les polluants présents vont donc obligatoirement affecter sa physiologie d'une manière ou d'une autre.

En mer de Wadden, Jung *et al.*, (2006) ont superposé la distribution des concentrations en métaux lourds (cuivre, plomb, cadmium, nickel et zinc) et un indice de condition, la masse de chair des coques. Freitas *et al.*, (2011) utilisent une batterie de biomarqueurs sur des coques prélevées dans la ría de Aveiro : la peroxydation des lipides, l'activité de l'enzyme anti-oxydante catalase (CAT), la superoxyde dismutase (SOD) et la glutathion S-transférase (GST). La chélation des métaux par les métallothionéines (MT) a aussi été mesurée. Les études actuelles vont

10. Biomarqueur : caractéristique biologique mesurable, liée à un processus normal ou non, c'est un indicateur quantitatif.

assez loin puisque Nilin *et al.* (2012) testent les organes les plus appropriés pour mesurer les activités estérases.

Les hydrocarbures aromatiques polycycliques (PAH) sont des contaminants très présents dans les estuaires. Une analyse chimique des PAH des sédiments d'un estuaire du nord-ouest de l'Espagne est mise en regard d'un biomarqueur de dommage à l'ADN des cellules, le test Comet (Pereira *et al.*, 2011). La sensibilité de la coque comparée à la moule *Mytilus galloprovincialis* incite Pereira *et al.* à recommander l'utilisation de la coque dans les programmes de *biomonitoring* des estuaires.

La coque est une espèce sentinelle pertinente dans la surveillance des écosystèmes côtiers. En ce qui concerne les métaux lourds et la consommation des coques par l'homme, Cardoso *et al.* (2012) étudient les cinétiques d'accumulation du mercure dans les différents organes de la coque et prouvent qu'après 20 jours de détoxification en eau de mer propre, les doses sont encore supérieures aux doses autorisées pour la consommation humaine.

6

Pêche et réglementation

Activité importante sur le littoral français, la pêche à pied allie détente, découverte et plaisir gastronomique. Cependant, cette pratique nécessite de respecter quelques règles, pour la sécurité des pêcheurs et le respect de l'environnement.

La pêche récréative, réglementation et actions d'éducation

En France, on dénombre environ 1 300 professionnels de la pêche à pied (Comité national des pêches maritimes et des élevages marins) et près de 2 millions de pêcheurs à pied amateurs, toutes techniques et espèces récoltées confondues (enquête BVA/Ifremer, 2009). Si elle est pratiquée de manière non respectueuse, la pêche à pied n'est pas sans conséquence sur le milieu et la ressource : non-respect de la taille minimale de capture ou des quotas, voire l'utilisation d'outils destructeurs pour les habitats sensibles. D'autres facteurs menacent également les estrans : pollution, aménagements sur les rivages ou évènements météorologiques. Il est donc primordial d'étudier et de réglementer l'exploitation des gisements, tout en améliorant la connaissance et le respect de la réglementation, notamment auprès des pêcheurs amateurs, souvent mal informés.

Les études de gisements de coques exploités de manière intensive par le passé en Europe montrent une modification de la structure démographique. La population est en effet tronquée au-delà de la taille marchande quelle que soit la vitesse de croissance des individus de ces populations (Hancock, 1967 ; Franklin, 1972 ; Gordo, 1982). Sauriau (1992) indique que la structure démographique d'un gisement soumis à une forte pression de pêche contient moins de 5 % d'individus de taille minimale de capture.

En France, la taille de capture est réglementée depuis le début du le XXe siècle. Un décret du 18 mai 1921 fixait la taille de capture à 25 millimètres. Jusqu'en 2006, la taille minimale de capture était de 30 millimètres, ce qui correspond à des individus âgés d'environ 3 ans et plus. Il est possible que l'augmentation mesurée du taux de mortalité de cette classe d'âge soit partiellement imputée à l'activité de pêche à pied (professionnelle ou récréative). En 2006, la taille minimale de capture est passée dans certaines régions de 30 à 27 millimètres (correspondant à des individus âgés d'environ deux ans et demi). La diminution de la taille réglementaire entraîne une augmentation de la fraction pêchable du stock et modifie la structure démographique des gisements concernés. Cette réduction de taille de capture de 3 millimètres, qui paraît à priori négligeable, a par exemple entraîné un doublement du stock de coques pêchables sur certains gisements (Ponsero *et al.*, 2009) et peut, à terme, entraîner un diminution de la valeur l_∞ modélisée, comme l'a mis en évidence Hancock (1967).

Depuis l'automne 2012, la taille minimale de capture des coques a été de nouveau fixée à 30 millimètres, sur les façades atlantique, Manche et mer du Nord, mais uniquement pour la pêche de loisir.

Il est primordial d'étudier l'exploitation des gisements, mais aussi d'améliorer la connaissance et le respect de la réglementation par les pêcheurs récréatifs afin de préserver la ressource. C'est dans ce contexte que différentes associations ont mis en place des programmes de diagnostic de la pêche récréative et de sensibilisation des usagers à une pêche durable (Programme REVE-IODDE, 2009 ; Contrat Nature « Pêche à pied récréative » Delisle *et al.*, 2011 ; projet GECO-GEMEL, 2013). De plus en plus d'acteurs se préoccupent du devenir de la pêche à pied récréative en France, ce qui a entraîné depuis 2009 une importante mobilisation à l'échelle nationale. Un projet Life+ a été remis dans cette optique, en 2012, à l'Union européenne par l'Agence des aires marines protégées.

Initié en juillet 2013 sur onze territoires côtiers, du Pays basque aux estuaires picards, ce programme ambitieux[11] contribue à mieux comprendre les interactions entre la pêche à pied récréative et les milieux littoraux, la faune, la flore. Une grande part des actions est également consacrée au développement de moyens d'information, de communication et de sensibilisation nécessaires à l'amélioration des pratiques et impliquant les acteurs du littoral : collectivités locales, services de l'État, scientifiques, pêcheurs professionnels, associations de plaisanciers et de protection de l'environnement.

La meilleure prise en compte de l'environnement par les pêcheurs à pied récréatifs passe notamment par des conseils ciblés et la diffusion de réglettes facilitant le tri de la récolte *(figure 6-1)*. Ces opérations sont menées au moment des grandes marées par les bénévoles et salariés de l'ensemble des partenaires engagés. Ce réseau d'acteurs s'appuie sur le travail de deux associations pionnières : IODDE (île d'Oléron) et VivArmor Nature (Côtes-d'Armor). Avec l'appui de scientifiques et de gestionnaires d'aires marines protégées, elles ont publié un cahier méthodologique et un recueil d'expériences afin de promouvoir auprès des acteurs du littoral les diagnostics et suivis nécessaires à une gestion durable de la pêche à pied récréative (Privat *et al.*, 2013).

Pour les gestionnaires de sites, collectivités ou associations, voici un ensemble d'éléments qu'il est intéressant de mettre en avant lors de campagnes de prévention orales, avec brochures ou affichage public sur les sites eux–mêmes.

11. http://www.aires-marines.fr/Partager/Relations-europeennes/LIFE-Peche-a-pied-de-loisir.

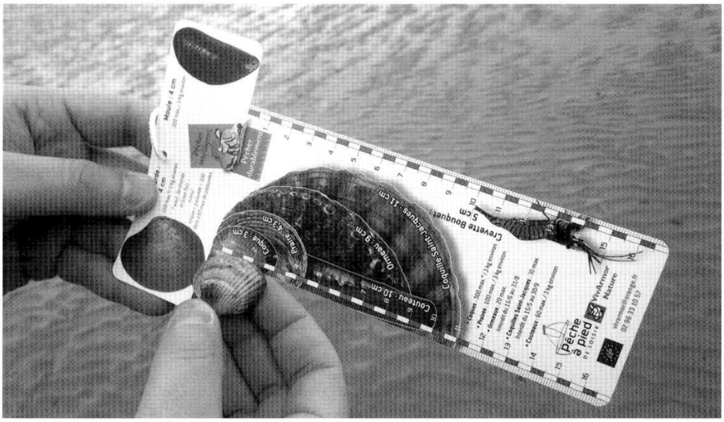

Figure 6-1. Outils de mesure donnés aux pêcheurs à pied lors des actions de sensibilisation dans le cadre du programme Life en 2014 (conception : VivArmor Nature).

Ne nécessitant pas d'équipement onéreux, la pêche des coques peut être pratiquée par le plus grand nombre. Afin de maintenir cette ressource et de pérenniser la pêche à pied, rappelons quelques conseils pratiques. Les informations suivantes sont données à titre indicatif. Elles ne sont pas forcément exhaustives et ne sauraient se substituer à la réglementation en vigueur (nationale ou locale).

Figure 6-2. **Outils utilisés le plus fréquemment** : petit râteau à 4 ou 5 dents (à gauche) ou trident (à droite).

Conseils pratiques pour la pêche à pied

Techniques et outils de pêche

La technique la plus utilisée, quand elle est autorisée, consiste à gratter la surface du sable à l'aide d'un outil afin de collecter les coques enfouies dans le sédiment *(figure 6-2)*. Ce labourage entraîne cependant une dégradation physique du milieu et certaines régions littorales ont souhaité réglementer l'usage des outils de pêche. En Bretagne, la griffe, la binette, le couteau à palourde, la cuillère ou le râteau sont autorisés. Il faut noter des restrictions locales pour les râteaux et à condition qu'il ne dépasse pas 35 centimètres de large et qu'il ne soit pas grillagé. La bêche et la fourche sont strictement interdites car trop intrusives pour récolter les coques. Autre exemple, dans les départements du Pas-de-Calais et de la Somme, seule la griffe à trois dents est autorisée. La technique la plus respectueuse du milieu consiste à se passer d'outil ! À condition d'avoir un œil averti, il suffit de repérer les trous laissés à la surface du sable par les siphons inhalant et exhalant de la coque. Il ne reste plus qu'à se baisser et à dégager le coquillage à la main ou à l'aide d'une simple cuillère. Cette pêche douce et ludique a l'avantage de ne détruire ni l'estran ni le dos du pêcheur.

Taille minimale de capture

En France, la taille minimale réglementaire ou « maille » de la coque, applicable aux pêcheurs de loisir, est de 30 millimètres en Manche, mer du Nord et Atlantique, et de 27 millimètres en Méditerranée (arrêté ministériel du 29 janvier 2013 modifiant l'arrêté du 26 octobre 2012). Ces mailles visent à conserver les ressources de pêche en protégeant les juvéniles de tout prélèvement.

Quantité autorisée

Selon les régions littorales, des quotas permettent de limiter les captures par pêcheur et par jour. Quelques exemples : la récolte des coques est limitée à 3 kilos en Vendée, à 5 kilos en Loire-Atlantique ou à 300 individus en Bretagne (sauf restrictions locales).

Des prairies sous-marines à préserver

La récolte des coquillages fouisseurs par grattage est néfaste pour les herbiers de zostères. Cet habitat se développe sur les sédiments sableux et sablo-vaseux intertidaux et infralittoraux des côtes de la Manche et de l'Atlantique et ont un rôle écologique essentiel : oxygénation, stabilisation des fonds, production de matière organique, source de nourriture pour les oiseaux, zone de frayère et refuge pour de nombreux organismes marins. Afin de préserver ces prairies sous-marines, la pêche à pied dans les herbiers est interdite en Bretagne depuis le 1er janvier 2014.

Autre mesure de conservation

À des fins de repos biologique saisonnier, la pêche à pied de loisir et professionnelle est interdite temporairement ou fait l'objet de jachères tournantes sur certains gisements classés. C'est le cas en baie du Mont-Saint-Michel (Ille-et-Vilaine) et en rivière de Pont-l'Abbé (Finistère) par exemple.

Mesure sécuritaire

Les coques, par leur activité de filtration, peuvent concentrer des contaminants présents dans le milieu : bactéries, phycotoxines, virus... La consommation de coquillages filtreurs pêchés en milieu insalubre est susceptible de présenter un risque parfois important pour la santé. Avant d'aller pêcher, il est impératif de se renseigner sur la qualité sanitaire du site de pêche à pied : agence régionale de santé, mairie, préfecture. Pendant votre pêche, faites attention à la marée montante, aux coupures, aux entorses, au brouillard et aux coups de soleil !

Transport et consommation

Une fois récolté, le produit de la pêche doit être maintenu au frais : transportez-le dans un panier ajouré, recouvert d'une poignée d'algues fraîchement ramassée sur la plage. Il vaut mieux éviter les sacs plastiques. Les coques contiennent souvent beaucoup de sable dans leur coquille. Avant de les préparer et de les déguster, il suffit de les faire dégorger : laisser tremper les coques quelques heures dans de l'eau de mer. Si vous n'avez pas d'eau de mer, de l'eau salée convient aussi. Comptez 35 grammes de sel par litre d'eau. Consommez vos coquillages assez rapidement. La cuisson reste la meilleure méthode pour réduire les risques microbiologiques.

Les pêcheries professionnelles en Europe

Malgré sa faible valeur marchande, l'intérêt économique de la coque en Europe est loin d'être négligeable. La culture reste très limitée, ce sont des gisements naturels exploités selon une réglementation européenne sanitaire stricte. En France, c'est l'Ifremer qui est chargé de la surveillance et du classement sanitaire des gisements.

La production et la surveillance sanitaire en France

En 1909, Joubin écrivait à propos des coques de la baie de Saint-Brieuc : « chaque jour de nombreux pêcheurs vont les recueillir et en rapportent de grandes quantités qu'ils chargent sur des ânes. À la marée montante, le troupeau des ânes chargés conduits par les pêcheurs, et surtout les pêcheuses, eux-mêmes lourdement chargés, revient à la côte. Ces coques sont expédiées en grandes quantités sur les marchés des villes voisines et consommées aussi abondamment dans le pays. Ces coques constituent la matière de la seule pêche florissante du pays. Le peu de valeur de ces coquillages (environ 10 à 20 centimes le litre) fait qu'elle est peu rémunératrice. »

De nos jours, la pêche professionnelle à la coque est réalisée, le plus souvent, en activité de complément par des marins-pêcheurs ou des conchyliculteurs, mais aussi parfois par des personnes dont le prélèvement de bivalves est la principale activité avec le prélèvement de vers, de salicorne ou autres produits de la mer. Dans ce dernier cas, les pêcheurs, que l'on appelle hénoniers en baie de Somme, ont bien souvent du mal à en vivre. Cette activité de pêche à pied à titre professionnel est régie par la loi (décret 2001-426 du 11 mai 2001), les Affaires maritimes délivrant une licence valable un an, avec une obligation de déclaration statistique. Cette activité reste artisanale, car comme nous l'avons vu plus haut, la production des gisements est très fluctuante et ne peut assurer une ressource constante.

La France est actuellement le troisième ou quatrième producteur mondial de coques en fonction des années. La production nationale se situe autour de 10 000 tonnes par an.

En 2011, la production nationale en culture était de 2 010 tonnes (source : Enquête Aquaculture-2011, DPMA/BSPA) et la pêche sur les gisements naturels de 8 000 tonnes (Ellies et Papillon, 2014). À titre de comparaison, les productions d'huîtres, de moules et de palourdes représentent respectivement 102 000, 59 000 et 360 tonnes.

La consommation en France en 2011 était de 1 200 tonnes, le différentiel partant à l'exportation, essentiellement en Espagne.

En France, l'espèce est présente sur l'ensemble du littoral. Du nord au sud, les gisements les plus importants sont : région de Dunkerque, baie de Canche, baie d'Authie et baie de Somme (3 200 tonnes pêchées en 2011), baie de Seine, baie des Veys, baie du Mont-Saint-Michel, baie de Saint-Brieuc et de nombreuses anses de Bretagne Nord. En fonction des conditions sanitaires, certains gisements ne sont pas exploités. C'est par exemple actuellement le cas de celui de Dunkerque.

Plus au sud, les principaux gisements sont la baie de Vilaine, La Baule et l'estuaire de Loire, les bassins de Marennes-Oléron et d'Arcachon (Quéro et Vayne, 1998). La baie de Somme est la première zone de production française. Elle représente une grande importance pour l'économie locale depuis la fin de XIXe siècle. Elle a connu des années de forte crise comme en 1976 ou 1984 (Desprez *et al.*, 1987a) avec 600 tonnes produites au lieu de 3 000 tonnes les meilleures années. Ces gisements sont évalués annuellement depuis 1985.

Le département de la Somme est le premier producteur français de coque avec une moyenne 1 284 tonnes pêchées par an (maximum 2 855 tonnes) sur la période 2010-2013 *(figure 6-2)*. Les départements de la Manche et du Morbihan occupent les second et troisième rangs avec, respectivement, 687 tonnes par an en moyenne sur la période 2009-2013, et 500 tonnes par an de 2010 à 2014. Si on se limite à la production de coque de taille adulte, le Morbihan occupe seulement le huitième rang. La Loire-Atlantique est le quatrième producteur avec 470 tonnes par an (toutes campagnes) dont 380 tonnes par an pour le seul gisement de La Baule qui demeure le plus important et le plus constant du département. Les départements du Calvados et des Côtes-d'Armor sont respectivement les cinquième et sixième producteurs avec 116 et 103 tonnes par an. Ils sont suivis de la Vendée (77 tonnes par an), de la Gironde (55 tonnes par an), du Finistère (23 tonnes par an), et de l'Ille-et-Vilaine (3 tonnes par an). Du nord au sud, il n'y a pas d'exploitation professionnelle sur les départements du Nord-Pas-de-Calais, de la Seine-Maritime, de l'Eure, de la Charente-Maritime, des Landes et des Pyrénées-Atlantiques.

Les possibilités d'exploitation des gisements naturels sont variables d'une année à l'autre. Le stock dépend des fluctuations de la reproduction. L'activité de pêche professionnelle et amateur, la prédation (oiseaux, crustacés...) et la mortalité naturelle influent également sur la taille du stock. Pour une année donnée, l'évaluation quantitative du stock en termes de biomasse et de densité n'est pas forcément proportionnelle à la fraction exploitable en raison des tailles réglementaires. Une quantité importante de coques d'une taille de quelques millimètres ne sera pas exploitée pour la saison en cours mais intégrera la fraction exploitable du stock la saison suivante. Un suivi régulier du gisement permet, à ce titre, d'apporter des données prédictives pour la gestion des stocks (voir *encadré « Méthodes d'évaluation des gisements », p. 61*).

La cérastoculture est rare en France. Elle consiste à capturer du naissain de juvéniles issus de bancs naturels. Le naissain est actuellement capturé par drague avec une douzaine de bateaux dans l'estuaire de la Vilaine. Cette zone, très propice au recrutement des jeunes coques, ne l'est en revanche pas du tout pour leur croissance. C'est notamment dû aux crues hivernales de la Vilaine qui provoquent une forte mortalité. Le naissain de quelques mois, très fragile, est prélevé en automne. Il a alors une taille de quelques millimètres, ce qui représente environ 1 000 individus par kilo. Il est transporté rapidement pour être semé sur l'estran dans le secteur du Croisic avec une densité d'environ 2 kilos par mètre carré.

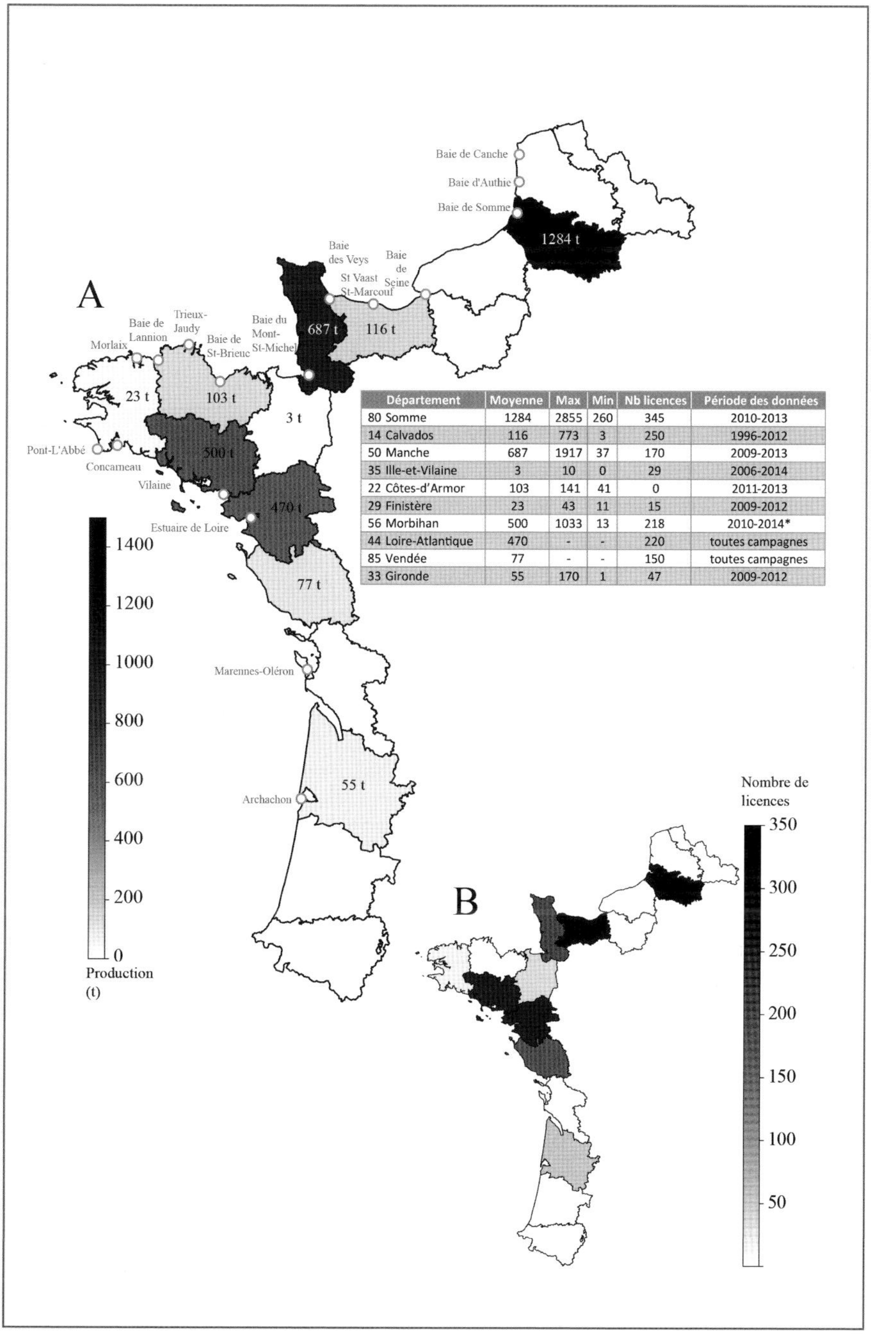

Département	Moyenne	Max	Min	Nb licences	Période des données
80 Somme	1284	2855	260	345	2010-2013
14 Calvados	116	773	3	250	1996-2012
50 Manche	687	1917	37	170	2009-2013
35 Ille-et-Vilaine	3	10	0	29	2006-2014
22 Côtes-d'Armor	103	141	41	0	2011-2013
29 Finistère	23	43	11	15	2009-2012
56 Morbihan	500	1033	13	218	2010-2014*
44 Loire-Atlantique	470	-	-	220	toutes campagnes
85 Vendée	77	-	-	150	toutes campagnes
33 Gironde	55	170	1	47	2009-2012

Figure 6-2. Principaux gisements de coques en France. Moyenne des productions (A) et nombre de licences (B) par département (*), y compris la production de naissains pour le département de la Loire-Atlantique (sources : DDTM de chaque département).

Une quinzaine d'entreprises cultivent ainsi la coque sur une période d'un an et demi à deux ans et produisent jusqu'à 2 000 tonnes par an. La production est valorisée sur le marché frais pour moitié, l'autre partant en conserverie. C'est le seul exemple de culture maîtrisée, mécanisée et régulière en France (données : Syndicat des parqueurs du Croisic).

Sans que cela puisse être assimilé à de la cérastoculture au sens strict, il y a eu en baie de Somme des essais de déplacements de juvéniles prélevés dans des secteurs de hauts niveaux vers des secteurs de bas niveaux plus propices à la croissance, voire même prélevés en Normandie. L'objectif de ces pratiques était de favoriser la survie des individus reproducteurs et de préserver une partie de la récolte à venir (Loquet et Triplet, 2005).

La surveillance sanitaire en France

Pour les coquillages, trois types de risques sanitaires sont surveillés réglementairement par l'Ifremer afin d'assurer la sécurité du consommateur (Favre et Amouroux, 2009) :

– le contrôle microbiologique des zones de production conchylicole par le réseau Remi ;

– l'observation et la surveillance du phytoplancton et des phycotoxines par le réseau Rephy ;

– l'observation de la contamination chimique par le réseau Rocch, ex-Rno.

La qualité microbiologique des zones de production conchylicole est estimée grâce à 385 points d'échantillonnage. Les prélèvements de coquillages (fouisseurs comme la coque ou non fouisseurs comme la moule ou l'huître) s'effectuent sur des points pérennes situés dans des secteurs exploités et exposés à un éventuel apport de contaminant. Ces zones sont classées par l'administration depuis 1987 à partir des résultats du Remi. Cette surveillance sanitaire s'évalue sur la base du dénombrement dans les coquillages vivants des *Escherichia coli*, bactéries communes du système digestif, recherchées comme indicateur de contamination fécale. Le Remi a pour objectifs d'estimer et de suivre la qualité microbiologique des zones sur la base des niveaux de contamination des coquillages, calculés à partir des données des trois dernières années. Il permet également de détecter et de suivre des épisodes inhabituels de contamination. Le devenir des coquillages diffère en fonction du classement de leur zone de provenance *(figure 6-3)*.

Les coquillages en provenance de zone classée A (bonne qualité) peuvent être vendus et consommés directement. Les coquillages en provenance de zone B (qualité moyenne) doivent passer par un bassin de purification. Les coquillages en provenance de zone C (mauvaise qualité) doivent subir un traitement thermique dans un établissement de transformation (type conserverie) ou bien être placés dans une zone de reparcage longue durée (méthode non pratiquée en France d'après Favre et Amouroux, 2009).

Le reparcage s'effectue en zone saine classée A. Les coquillages doivent être reparqués à une densité et pendant une durée appropriée à leur niveau initial de contamination. Cette durée est au minimum de deux mois dans le cas de coquillages provenant d'une zone C.

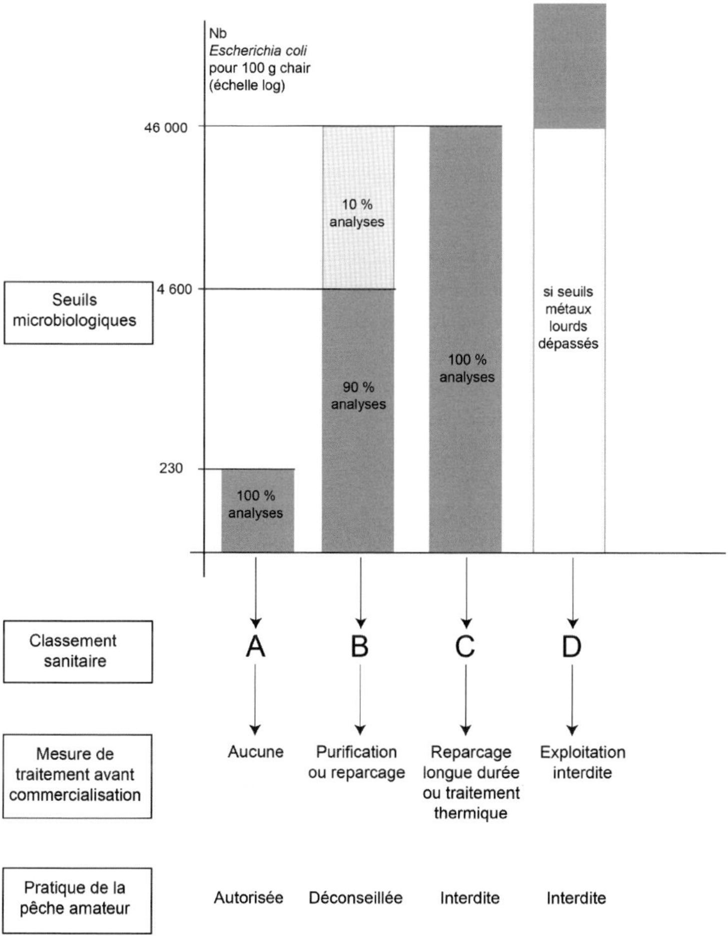

Figure 6-3. Exigences microbiologiques réglementaires pour le classement de salubrité des zones de pêche de coquillages (Règlement CE n° 854/2004, Arrêté du 6 novembre 2013 relatif au classement à la surveillance et à la gestion sanitaire des zones de production et des zones de reparcage des coquillages vivants).

Les centres de purification en conchyliculture sont des bassins de décantation où l'eau est désinfectée par UV, avec de l'ozone ou par des composés chlorés, afin d'éliminer une grosse proportion des bactéries ou virus. Les techniques de purification appliquées dépendent de la contamination de l'eau, des pratiques des professionnels et de leurs moyens. Ainsi, la plupart des bassins d'épuration ne sont équipés que d'une aération où les coquillages sont immergés pendant

24 à 48 h. Lorsque le niveau de contamination est élevé, les coques, sont mises en bassins pendant une heure dans une eau à une concentration de 2 à 3 milligrammes par litre de chlore. L'ozone est quant à lui introduit par des diffuseurs dans les bassins, il s'avère très efficace contre les bactéries et les virus. Ce gaz demeure en revanche coûteux et surtout toxique.

L'Europe vient d'éditer un guide des bonnes pratiques de surveillance microbiologique (CEFAS, 2014). Ce guide émet des recommandations et introduit une approche nouvelle de la surveillance. En plus du diagnostic de la quantité de germes dans les coquillages, il préconise de retrouver les sources de contamination et d'évaluer les flux microbiens vers les zones conchylicoles (Monfort et Lebrun, 2014).

Pour ce qui concerne les contaminants chimiques, le classement des zones conchylicoles est basé sur le Règlement CE n° 1881/2006 modifié par le Règlement CE n° 1259/2011. Les molécules recherchées sont les métaux (mercure, cadmium, plomb), les dioxines, des PCB (polychlorobiphényles), des HAP (hydrocarbures aromatiques polycycliques : benzo(a)pyrène, benz(a)anthracène, benzo(b)fluoranthène, chrysène).

La production en Europe

Les Pays-Bas produisaient environ 50 000 tonnes de coques (source : FAO) de 1980 à 2000 par dragage mécanique et par succion, raclant les vingt premiers centimètres de sédiments, à partir d'une trentaine de navires de 30 à 40 mètres (Ens, 2000).

Ces captures étaient commercialisées « décortiquées » (sans la coquille). Cette exploitation intensive, couplée à la construction de digues et la fermeture d'estuaires réduisant les surfaces de vasières, a entraîné une sévère réduction des stocks de coques. Cette surexploitation a aussi impacté l'avifaune consommatrice de bivalves ou d'autres espèces du benthos par la pêche mécanique (Ens, 2000). Les Pays-Bas restent jusqu'en 2000 le principal producteur en Europe *(figures 6-5 et 6-6).*

La production actuelle sur les gisements des Pays-Bas est considérablement réduite, autour de 600 tonnes depuis 2005, avec un maximum de 31 licences et l'obligation d'une pêche non mécanisée. Au final, 42 540 hectares de gisement sont interdits à la pêche. Sur les gisements autorisés à la pêche, seulement 5 % du stock de coques peuvent être prélevés (Nehls *et al.*, 2009).

Le Royaume-Uni est le second producteur *(figure 6-5)* et les principaux gisements sont le Wash, l'estuaire de la Tamise et les baies de Horecambe et Caenarfon. La production est de l'ordre de 17 000 tonnes par an (source : FAO). La coque y est surtout consommée fraîche sur un marché fortement demandeur qui fait appel à l'importation (Quéro et Vayne, 1998).

L'Espagne (3e producteur ; *figure 6-5*) produit environ 4 000 tonnes par an destinées essentiellement à la transformation (conserverie). Dans les années 1960-1970, la production pouvait aller jusqu'à 17 000 tonnes. L'Espagne fait donc de plus en plus appel à l'importation.

La France est le 4e producteur (moyenne entre 1950 et 2010), suivie de l'Allemagne et du Portugal. Des productions plus restreintes existent au Danemark, en Irlande, en Norvège, au Portugal, en Suède ou au Sénégal.

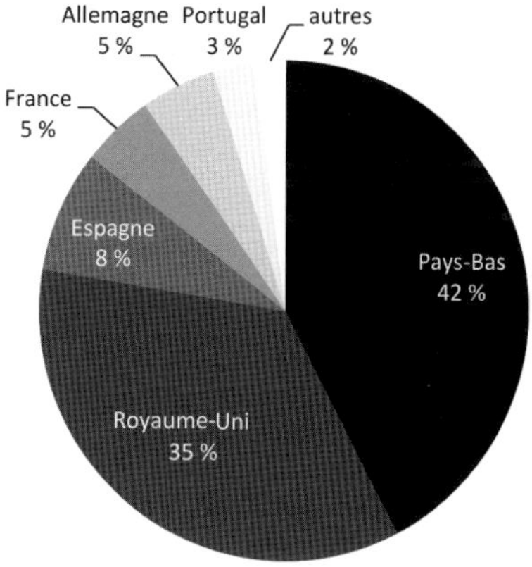

Figure 6-5. Production moyenne de coques par pays de 1950 à 2012 (source : FAO/FishStat).

La baisse de production en Europe à partir des années 2000 *(figure 6-6)* est révélatrice de la tendance actuelle à une pêche limitée par un nombre de licences réduit, et à un recadrage des techniques de pêche professionnelle : pratiques durables, sans dragage en bateau ou tracteur, récolte manuelle privilégiée.

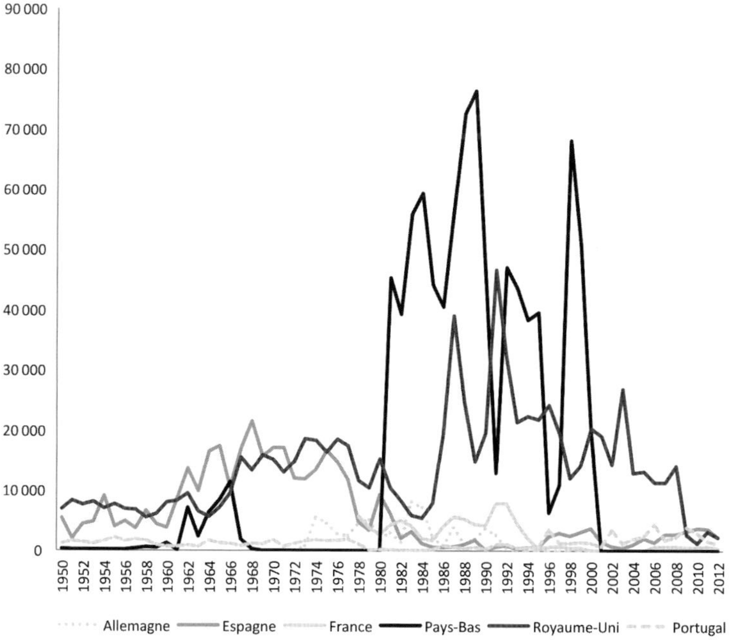

Figure 6-6. Pêches professionnelles de coques pour les six principaux pays producteurs de 1950 à 2010 (en tonnes).

Figure 6-7. Méthode de prélèvement. En haut : le quadrat et le sédiment tamisé ; en bas à gauche : le tri des coques ; en bas à droite : la mise en sachet avec la référence de la station échantillonnée, indiquée sur le sac au marqueur indélébile.

Méthode d'évaluation des gisements et protocole d'échantillonnage

L'étude des gisements de coques par la mise en œuvre d'un protocole standardisé permet d'apporter des éléments d'aide à la décision essentiels pour la gestion de la ressource et de l'activité. Les objectifs d'un tel suivi mené sur le long terme sont d'évaluer *in situ* les évolutions inter-annuelles des gisements et de prédire dans un second temps son évolution à court terme (2 ans).

Définition du plan d'échantillonnage

La première étape consiste à délimiter le gisement dans son ensemble en utilisant les connaissances locales disponibles et en réalisant des prospections ciblées. Une fois le gisement circonscrit, un plan d'échantillonnage régulier peut être défini (Bijleveld *et al.*, 2012). Ce plan doit être adapté à la taille des sites et aux moyens disponibles pour le mettre en œuvre. Si les points peuvent être espacés de 100 mètres pour des sites homogènes d'une centaine d'hectares, un espacement de 500 mètres est à prévoir pour les gisements de plus de 1 000 hectares. En tout état de cause, le plan d'échantillonnage doit inclure toutes les cohortes et couvrir l'ensemble du gisement. Il est à ce titre souvent préférable de faire déborder légèrement la zone à étudier afin de circonscrire correctement le gisement et d'anticiper une éventuelle évolution spatiale. En présence de sites très hétérogènes (variation de substrats, de granulométrie...) un plan d'échantillonnage irrégulier excluant les zones non favorables (îlots rocheux, blocs...) ou stratifié est parfois mieux adapté. Une fois défini, l'ensemble des points est transféré au sein d'un GPS pour localiser chaque station sur le terrain.

Prélèvement sur le terrain

La période de collecte idéale pour obtenir un échantillonnage représentatif de l'ensemble des cohortes se situe après le recrutement des coques, soit à l'automne. Il est également important de prévoir les prélèvements de terrain en période de grande marée (coefficient >100) pour couvrir l'intégralité de l'estran jusqu'à son plus bas niveau. Pour des raisons de sécurité, une bonne connaissance du site est indispensable (filières, chenaux de marée, substrats mouvants...).

Pour chaque station, les sédiments sont prélevés dans un quadrat de 0,25 mètre carré sur 10 centimètres de profondeur, puis tamisés sur une maille d'un millimètre. Après le tamisage, une attention particulière doit être accordée à la recherche du naissain, composé d'individus de quelques millimètres. L'ensemble des coques est déposé dans des sacs plastiques identifiés (n° station), et éventuellement congelé à -18 °C dans l'attente de l'analyse *(figure 6-7 à droite)*.

MATÉRIEL PAR ÉQUIPE : un quadrat de 0,25 mètre carré, une griffe à coques, un tamis (maille 1 millimètre), sacs congélation numérotés (un par station), un GPS, matériel de prise de note, un sac à dos pour le transport des prélèvements.

Analyse au laboratoire

Au laboratoire, par station de prélèvement, les individus sont dénombrés et mesurés selon l'axe antéro-postérieur, qui correspond à la plus grande longueur mesurable pour l'espèce. Les mesures sont réalisées à l'aide d'un pied à coulisse au 10e de millimètre près *(figure 6-8)*. Le dénombrement et la mesure des tailles permettent d'estimer la densité (nombre d'individus par unité de surface) pour les différentes classes de taille. La définition d'une relation allométrique taille/poids permet au besoin d'évaluer la biomasse totale du gisement et par cohorte (fraction pêchable notamment).

MATÉRIEL DE LABORATOIRE : un congélateur, bacs en plastique, un pied à coulisse au 10e de millimètre. Un pied à coulisse électronique couplé à un ordinateur facilite la saisie des données.

Le nombre de jours de collecte ainsi que les moyens humains restent variables en fonction de la taille du gisement. Pour un exemple de 50 stations (gisement d'environ 1 000 hectares), il faut compter deux marées de 6 heures avec deux équipes de deux et trois personnes : une personne pour la prise de notes et la localisation des stations, une à deux personnes pour les prélèvements et le tri. Il est important de prendre en compte les temps de tamisage qui dépendent de la nature du sédiment. Une phase de test est souvent utile pour calibrer le temps nécessaire. Au laboratoire, il faut compter deux journées de mesure et de saisie pour une personne.

Modélisation

La structuration spatiale du gisement est abordée par krigeage des données (Sheshinski, 1979). Il s'agit de prendre en compte et de restituer la complexité des structures spatiales observées dans la population (Legay et Debouzie, 1985). Le krigeage (Krige, 1952) est une méthode géostatistique qui permet l'estimation de valeurs locales, en considérant l'organisation spatiale des variables étudiées. C'est une méthode d'interpolation qui génère des surfaces estimées à partir d'un échantillon de points géoréférencés. Par rapport à d'autres méthodes d'interpolation, le krigeage se distingue par ses caractéristiques d'estimation non-biaisée et d'estimation d'une variance associée. Ces outils statistiques permettent de produire des bilans cartographiques et chiffrés d'un gisement et d'en suivre l'évolution de sa productivité (détails méthodologiques : voir Ponsero *et al.*, 2009). Le suivi sur plusieurs années de la dynamique de population de la coque en baie de Saint-Brieuc a permis de développer des outils de modélisation et de prévoir l'évolution à court terme du gisement. Le modèle peut estimer les quantités de coques exploitables par les pêcheurs pour les années n+1 et n+2 ***(voir graphique page X)***. En baie de Saint-Brieuc, ces résultats sont mis à disposition de la Direction départementale des territoires et de la mer et du Comité départemental des pêches pour l'organisation des sessions de suivi des gisements. Les pêcheurs professionnels les utilisent également pour avoir une meilleure visibilité de leurs activités sur deux années et organiser ainsi leurs campagnes de pêche.

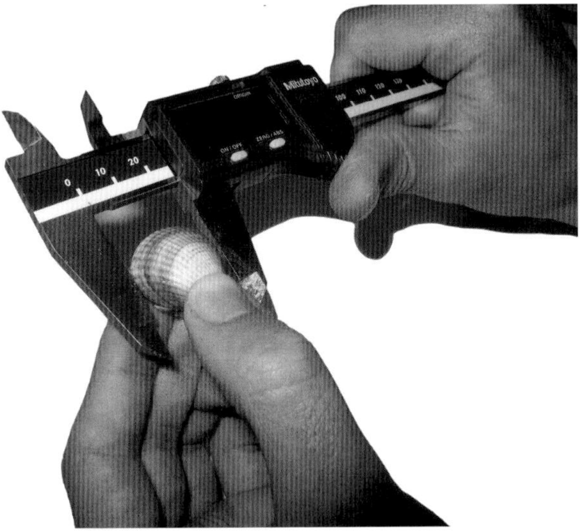

Figure 6-8. Mesure de la coque (dans sa plus grande longueur) à l'aide d'un pied à coulisse électronique.

Conclusion

L'abondante bibliographie en fin de livre démontre l'intérêt des scientifiques pour la coque. Il s'explique notamment par son importance économique, son rôle primordial dans les réseaux trophiques et les écosystèmes, son utilisation dans la mise au point de biomarqueurs, son rôle d'espèce sentinelle. Bien d'autres recherches n'ont pas été abordées dans ce livre comme par exemple des éléments de génétique des populations, de développement ou d'immunologie. Nous vous renvoyons pour cela à la synthèse de Malham *et al.*, 2012. Une recherche bibliographique avec les mots-clés *Cerastoderma edule* ou *Cardium edule* par tranche de cinq années depuis 1970 sur Google Scholar® (champ : « article contenant cette expression exacte ») ou sur SciencesDirect® (champ : titre) *(figure 6-10)*, révèle que le nombre de publications a été multiplié par quatre ou cinq en une quarantaine d'années. Cela pointe l'intérêt croissant du monde de la recherche pour cette espèce.

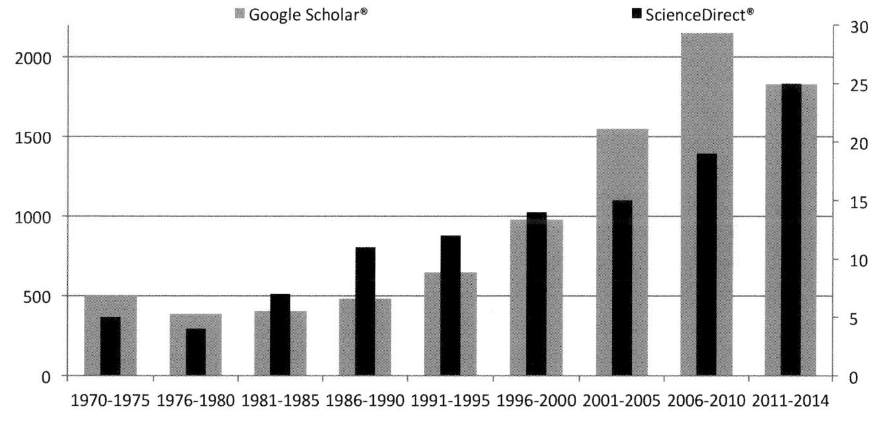

Figure 6-10. Évolution du nombre de publications traitant de *Cerastoderma edule* depuis 1970.

Si la coque concerne dans la majorité des cas une activité complémentaire pour les pêcheurs à pied professionnels, le chiffre d'affaires généré par son exploitation peut toutefois atteindre plusieurs millions d'euros pour les meilleures saisons des gisements les plus importants. Cela confirme l'intérêt d'engager une gestion durable de cette ressource qui contribue indéniablement à certaines économies locales. De même, pour les pêcheurs amateurs qui prélèvent de 2,5 à 3 kilos de coques en moyenne par sortie, la coque représente une espèce-cible importante sur les estrans sableux. En baie de Saint-Brieuc par exemple, une étude a permis de montrer que la quantité de coques exploitées par an par l'ensemble des pêcheurs de loisirs oscillait entre 10 et 13 tonnes. Vu l'importance que représente l'activité de pêche à pied à l'échelle des littoraux de la façade Manche-Atlantique, la prise en compte des quantités prélevées par les amateurs paraît incontournable pour aboutir à une gestion globale des gisements.

La coque occupe par ailleurs une place prépondérante dans les écosystèmes intertidaux où elle abonde. Les réflexions de gestion des stocks doivent absolument intégrer le rôle de ressource alimentaire pour l'avifaune.

De nombreux gisements, classés partiellement ou totalement insalubres en dépit d'une ressource en coques importantes, sont exploités illégalement par les pêcheurs amateurs. Une amélioration de la qualité de l'eau permettrait d'envisager une ouverture de ces gisements à la pêche amateur et/ou professionnelle. En attendant, il est essentiel d'encourager au respect de la réglementation sur ces secteurs par l'information et la sensibilisation du public, et le renforcement des contrôles.

Références bibliographiques

Aït Alla A., Mouneyrac C., Durou C., Moukrim A., Pellerin J., 2006. Tolerance and Biomarkers as Useful Tools for Assessing Environmental Quality in the Oued Souss Estuary (Bay of Agadir, Morocco). *Comparative Biochemistry and Physiology Part C: Toxicology & Pharmacology*, 143 (1), 23-29.

Amiard-Triquet C., Rainbow P.S., 2009. *Environmental Assessment of Estuarine Ecosystems : a Case Study*, CRC Press, New York, 355 p.

Amiard J.C., Amiard-Triquet C., 2008. *Les biomarqueurs dans l'évaluation de l'état écologique des milieux aquatiques*, Lavoisier, Paris, 375 p.

Andresen H., 2013. *Size-Dependent Predation Risk for Young Bivalves*, Vrije Universiteit Amsterdam, 154 p.

Anta J., Peña E., Puertas J., 2013. Effects of Density and Size Distribution on the Erosion of the Adult Cockle *Cerastoderma edule*. *Scientia Marina*, 45 (2), 79–93.

Arambalza U., Ibarrola I., Navarro E., Urrutia M.B., 2013. Ingestion and Absorption of Particles Derived from Different Macrophyta in the Cockle *Cerastoderma edule*: Effects of Food Ration. *Journal of Comparative Physiology B*, 1-14.

Bachelet G., 1979. *Dynamique de la macrofaune benthique et production des lamellibranches de l'estuaire de la Gironde,* Thèse doctorat 3e cycle, université Pierre et Marie Curie, Paris-VI, 163 p.

Baggerman B., 1953. Spatfall and Transport of *Cardium edule* L. *Archives néerlandaises de zoologie*, 10 (3), 315-342.

Bellamy E., Lefebvre A., Mahé K., De Rafelis M., 2009. *Croissance de la coque (Cerastoderma edule) en baie de Somme : morphométrie et marquage*, Ifremer, 54 p.

Bertalanffy L.V., 1938. A Quantitative Theory of Organic Growth (Inquiries on Growth Laws II). *Human Biology*, 10, 181–213.

Beukema J.J., 1979. Biomass and Species Richness of the Macrobenthic Animals Living on the Tidal Flats of the Dutch Wadden Sea: Effects of a Severe Winter. *Netherlands Journal of Sea Research*, 13 (2), 203-223.

Beukema J.J., Dekker R., 2006. Annual Cockle *Cerastoderma edule* Production in the Wadden Sea Usually Fails to Sustain both Wintering Birds and a Commercial Fishery. *Marine Ecology Progress Series*, 309, 189-204.

Beukema J.J., Dekker R., 2014. Variability in Predator Abundance Links Winter Temperatures and Bivalve Recruitment: Correlative Evidence from Long-Term Data in a Tidal Flat. *Marine Ecology Progress Series*, 513, 1-15.

Bijleveld A.I., van Gils J.A., van Der Meer J., Dekinga A., Kraan C., van der Veer H.W., Piersma T., 2012. Designing a Benthic Monitoring Programme with Multiple Conflicting Objectives. *Methods in Ecology and Evolution*, 3 (3), 526-536.

Binias C., Tu Do V., Jude Lemeilleur F., Plus M., Froidefond J.M., de Montaudouin X., 2013. Environmental Factors Contributing to the Development of Brown Muscle Disease and Perkinsosis in Manila Clams (*Ruditapes philippinarum*) and Trematodiasis in Cockles (*Cerastoderma edule*) of Arcachon Bay. *Marine Ecology*, 35 (1), 67-77.

Blanchard M., 1992. Bilan énergétique de la population de coque (*Cerastoderma edule L.*) en baie de Saint-Brieuc, Manche Ouest, *In : Aspects récents de la biologie des mollusques*, Ifremer, 7-18.

Bocher P., Piersma T., Dekinga A., Kraan C., Yates M.G., Guyot T., Folmer E.O., Radenac G., 2007. Site -and Species- Specific Distribution Patterns of Molluscs at Five Intertidal Soft-Sediment Areas in Northwest Europe During a Single Winter. *Marine Biology*, 151, 577-594.

Boldina I., Beninger P.G., 2013. Fine-Scale Spatial Structure of the Exploited Infaunal Bivalve *Cerastoderma edule* on the French Atlantic Coast. *Journal of Sea Research*, 76, 193–200.

Bouma H., Duiker J.M.C., De Vries P.P., Herman P.M.J., Wolff W.J., 2001. Spatial Pattern of Early Recruitment of *Macoma balthica* (L.) and *Cerastoderma edule* (L.) in Relation to Sediment Dynamics on a Highly Dynamic Intertidal Sandflat. *Journal of Sea Research*, 45 (2), 79-93.

Bourget E., Brock V., 1990. Short-Term Shell Growth in Bivalves: Individual, Regional, and Age-Related Variations in the Rhythm of Deposition of *Cerastoderma* (= *Cardium*) *edule*. *Marine Biology*, 106 (1), 103-108.

Bowmer T., Jenner H.A., Foekema E., van der Meer M., 1994. The Detection of Chronic Biological Effects in the Marine Intertidal Bivalve *Cerastoderma edule*, in Model Ecosystem Studies with Pulverised Fuel Ash: Reproduction and Histopathology. *Environmental Pollution*, 85 (2), 191-204.

Boyden C., 1969. Ecology of the Cockle *Cardium glaucum* Bruguiere. *Essex Naturalist, London*, 32, 223-226.

Boyden C.R., 1971. A Comparative Study of the Reproductive Cycles of the Cockles *Cerastoderma edule* and *C. glaucum*. *Journal of the Marine Biological Association of the United Kingdom*, 51 (03), 605-622.

Boyden C.R., 1972. Relationschip of Size to Age in the Cockles *Cerastoderma edule* and *C. glaucum* from the River Crouch Estuary, Essex. *Journal of Conchology*, 27, 475-489.

Boyden C.R., 1973. Observations on the Shell Morphology of Two Species of Cockle *Cerastoderma edule* and *C. glaucum*. *Zoological Journal of the Linnean Society*, 52 (4), 269-292.

Brock V., 1979. Habitat Selection of Two Congeneric Bivalves, *Cardium edule* and *C. glaucum* in Sympatric and Allopatric Populations. *Marine Biology*, 54 (2), 149-156.

Brock V., 1980. Notes on Relations Between Density, Setting and Growth of Two Sympatric Cockles *Cardium edule* and *C. glaucum*. *Orphelia*, 1, 241-248.

Brock V., 1987. Genetic Relations Between the Bivalves *Cardium* (*Cerastoderma*) *edule*, *Cardium lamarcki* and *Cardium glaucum*, Studied by Means of Crossed Immunoelectrophoresis. *Marine Biology*, 93 (4), 493-498.

Burdon D., Callaway R., Elliott M., Smith T., Wither A., 2014. Mass Mortalities in Bivalve Populations: A Review of the Edible Cockle *Cerastoderma edule* (L.). *Estuarine, Coastal and Shelf Science*, 150 (part B), 271–280.

Cabral J.A., Pardal M.Â., Lopes R.J., Múrias T., Marques J.C., 1999. The Impact of Macroalgal Blooms on the Use of the Intertidal Area and Feeding Behaviour of Waders (Charadrii) in the Mondego Estuary (West Portugal). *Acta Oecologica*, 20 (4), 417-427.

Callaway R., Grenfell S., Bertelli C., Mendzil A., Moore J., 2014. Size, Distribution and Sediment Biodeposition of Prolific Bivalves in Small Estuaries. *Estuarine, Coastal and Shelf Science*, 150 (Part B), 262–270.

Cardoso P.G., Grilo T.F., Pereira E., Duarte A.C., Pardal M.A., 2012. Mercury Bioaccumulation and Decontamination Kinetics in the Edible Cockle *Cerastoderma edule*. *Chemosphere*, 90 (6), 1854-1859.

Catoria J.L., Martinez D., De Coo A., 1984. Contribución al estudio del crecimiento del berberecho (*Cerastoderma edule* L.) en las Rías Altas gallegas, In : *Actas do IV Simposio Ibérico de estudos do benthos marinho*, 295-306.

CEFAS, 2014. *Microbiogical Monitoring of Bivalve Mollusc Harvesting Areas - Guide to Good Practice: Technical Application*, EU Working Group on the Microbiological Monitoring of Bivalve Mollusc Harvesting Areas, 81 p.

Combes C., 1995. *Interactions durables. Ecologie et évolution du parasitisme*, Masson, Paris, 524 p.

Compton T.J., Troost T.A., Drent J., Kraan C., Bocher P., Leyrer J., Dekinga A., Piersma T., 2009. Repeatable Sediment Associations of Burrowing Bivalves Across Six European Tidal Flat Systems. *Marine Ecology Progress Series*, 382, 87-98.

Coosen J., Twisk F., van Der Tol M.W.M., Lambeck R.H.D., van Stralen M.R., Meire P.M., 1994. Variability in Stock Assessment of Cockles (*Cerastoderma edule* L.) in the Oosterschelde (in 1980-1990), in Relation to Environmental Factors. *Hydrobiologia*, 282 (83), 381-395.

Coscia I., Robins P.E., Porter J.S., Malham S.K., Ironside J.E., 2012. Modelled Larval Dispersal and Measured Gene Flow: Seascape Genetics of the Common Cockle *Cerastoderma edule* in the Southern Irish Sea. *Conservation Genetics*, 14 (2), 451-466.

Creek G.A., 1960. The Development of the Lamellibranch *Cardium edule* L. *Proceedings of the Zoological Society of London*, 135, 243-260.

de Montaudouin X., 1995. *Etude expérimentale de l'impact de facteurs biotiques et abiotiques sur le recrutement, la croissance et la survie des coques Cerastoderma edule (Mollusque-Bivalve),* Thèse doctorat 3e cycle, université Bordeaux-I, 304 p.

de Montaudouin X., 1997. Potential of Bivalves' Secondary Settlement Differs with Species : a Comparison Between Cockle (*Cerastoderma edule*) and Clam (*Ruditapes philippinarum*) Juvenile Resuspension. *Marine Biology*, 128, 639-648.

de Montaudouin X., Bachelet G., 1996. Experimental Evidence of Complex Interactions Between Biotic and Abiotic Factors in the Dynamics of an Intertidal Population of the Bivalve *Cerastoderma edule*. *Oceanologica Acta,* 19 (3), 449-463.

de Montaudouin X., Lanceleur L., 2011. Distribution of Parasites in their Second Intermediate Host, the Cockle *Cerastoderma edule*: Community Heterogeneity and Spatial Scale. *Marine Ecology Progress Series*, 428, 187-199.

de Montaudouin X., Blanchet H., Desclaux-Marchand C., Bazairi H., Alfeddy N., Bachelet G., 2015. Cockle Infection by *Himasthla quissetensis.*II. The Theoretical Effects of Climate Change. *Journal of Sea Research*, (*Inpresse,* DOI: 10.1016/j.seares.2014.12.007.

de Montaudouin X., Thieltges D.W., Gam M., Krakau M., Pina S., Bazairi H., Dabouineau L., Russell-Pinto F., Jensen K.T., 2009. Digenean Trematode Species in the Cockle *Cerastoderma edule*: Identification Key and Distribution Along the North-Eastern Atlantic Shoreline. *Journal of the Marine Biological Association of the United Kingdom*, 89 (3), 543–556.

Dekinga A., Piersma T., 1993. Reconstructing Diet Composition on the Basis of Faeces in a Mollusceating Wader, the Knot *Calidris canutus*. *Bird Study*, 40, 144-156.

Delisle F., Bernard M., Ponsero A., Dabouineau L., Allain J., 2011. *Gestion durable de l'activité récréative de pêche à pied et préservation de la biodiversité littorale* - rapport final 2007-2011, VivArmor Nature, 215 p.

Deslous-Paoli J.M., Heral M., Goulletquer P., Boromthanarat W., Razet D., Garnier J., Prou J., Barille L., 1987. Évolution saisonnière de la filtration de bivalves intertidaux dans des conditions naturelles. *Oceanis*, 13 (3-5), 575-579.

Desprez M., Ducrotoy J.P., Sylvand B., 1986. Fluctuations naturelles et évolution artificielle des biocénoses macrozoobenthiques intertidales de trois estuaires des côtes françaises de la Manche. *Hydrobiologia*, 142 (1), 249-270.

Desprez M., Ducrotoy J.P., Elkaim B., 1987a. Crise de la production des coques (Cerastoderma edule) en baie de Somme. I. Synthèse des connaissances biologiques. *Revue des Travaux de l'Institut des Pêches maritimes*, 49 (3-4), 215-230.

Desprez M., Ducrotoy C.R., Rybarczyk H., 1989. *Fonctionnement biologique des gisements de coques de la baie de Sommes (France) à la suite du recrutement massif de 1987 : recrutement de 1988 et 1989, environnement bio-sédimentaire*, GEMEL, 42 p.

Desprez M., Ducrotoy J.P., Elkaim B., Lafite R., Lemoine N., Sueur F., 1987b. Crise de la production de coque (*Cerastoderma edule*) en baie de Somme. Analyse de la reproduction et relations avec l'environnement. *Haliotis*, 16, 327-351.

Donadi S., van der Heide T., van der Zee E.M., Eklöf J.S., van de Koppel J., Weerman E.J., Piersma T., Olff H., Eriksson B.K., 2013. Cross-Habitat Interactions Among Bivalve Species Control Community Structure on Intertidal Flats. *Ecology*, 94 (2), 489-498.

Donadi S., van der Zee E.M., van der Heide T., Weerman E.J., Piersma T., van de Koppel J., Olff H., Bartelds M., van Gerwen I., Eriksson B.K., 2014. The Bivalve Loop: Intra-Specific Facilitation in Burrowing Cockles Through Habitat Modification. *Journal of Experimental Marine Biology and Ecology*, 461, 44-52.

Downing J.A., 1979. Aggregation, Transformation and the Design of Benthos Sampling Programs. *Journal of the Fisheries Research Board of Canada*, 36, 1454-1463.

Ducrotoy C.R., Rybarczyk H., Souprayen J., Bachelet G., Beukema J.J., Desprez M., Dőrjes J., Essink K., Guillou J., Michaelis H., Sylvand B., Wilson J.G., Elkaïm B., banez F., 1991. A Comparison of the Population Dynamics of the Cockle (*Cerastoderma edule*) in North-Western Europe. ECSA 19, *In: Proceedings of the Estuarine and Coastal Sciences Association Symposium*, 4-8 September 1989, University of Caen, France. Estuaries and Coasts: Spatial and Temporal Intercomparisons, 173-184.

Ducrotoy J.P., Desprez M., Elkaim B., 1987. Crise de la production des coques (*Cerastoderma edule*) en baie de Somme. II. Impact de la dynamique biosédimentaire. *Revue des Travaux de l'Institut des Pêches maritimes*, 49 (3-4), 231-241.

Duijns S., Hidayati N.A., Piersma T., 2013. Bar-Tailed Godwits *Limosa l. lapponica* Eat Polychaete Worms wherever They Winter in Europe. *Bird Study*, 60 (4), 509-517.

Durell S.E.A., Kelly C.P., 1990. Diets of Dunlin *Calidris alpina* and Grey Plover *Pluvialis squatarola* on the Wash as Determined by Dropping Analysis. *Bird Study*, 37, 44-47.

Eisma D., 1965. Shell-Characteristics of *Cardium edule* L. as Indicators of Salinity. *Netherlands Journal of Sea Research*, 2 (4), 493-540.

Ellies M.P., Papillon S., 2014. *Les filières animales françaises. Chiffres-clés,* Lavoisier, Paris, Collection Synthèse agricole, 128 p.

Elliott J.M., 1979. Some Methods of the Statistical Analysis of Samples Benthic Invertebrates. *Freshwater Biological Association*, 25, 157 p.

Ens B.J., 2000. What we Know and what we should Know about Mollusc fFsheries and Aquacultures in the Wadden Sea, *In: Proceedings of the 10th International Scientific Wadden Sea Symposium. Ministerie van LNV, Den Haag*, Groningen, The Netherlands, 35 p.

Fahy E., Carroll J., Murran S., 2005. *The Dundalk Cockle Cerastoderma Edule Fishery in 2003-2004*, The Marine Institute, Dublin, 20 p.

Farrow G.E., 1974. On the Ecology and Sedimentation of the *Cardium* Shellsands and Transgressive Shellblanks of Traigh Mhor, Island of Barra, Outer Hebrides. *Transactions of the Royal Society of Edinburgh*, 69, 203-230.

Favre P., Amouroux I., 2009. Paquet Hygiène et surveillance REMI. Surveillance microbiologique des zones de production conchylicoles, *In : Colloque Dégradation des eaux littorales et temps de pluie.* Syndicat mixte des Bassins granvillais (SMBV), Granville, 30 septembre et 1er octobre 2009, http://archimer.ifremer.fr/doc/00014/12565/.

Fermer J., Culloty S.C., Kelly T.C., O'riordan R.M., 2011. Parasitological Survey of the Edible Cockle *Cerastoderma edule* (Bivalvia) on the South Coast of Ireland. *Journal of the Marine Biological Association of the United Kingdom*, 91 (4), 923-928.

Flach E., 2003. The Separate and Combined Effects of Epibenthic Predation and Presence of Macro-infauna on the Recruitment Success of Bivalves in Shallow Soft-Bottom Areas on the Swedish West Coast. *Journal of Sea Research*, 49 (1), 59-67.

Franklin A., 1972. *The Cockles and its Fisheries*, Burnham on Crough, Essex, 34 p.

Freire R., Arias A., Méndez J., Insua A., 2011. Identification of European Commercial Cockles (*Cerastoderma edule* and *C. glaucum*) by Species-Specific PCR Amplification of the Ribosomal DNA ITS Region. *European Food Research and Technology*, 232 (1), 83-86.

Freitas R., Martins R.C., Campino B., Figueira E., Soares A.M.V.M., de Montaudouin X., 2014. Trematode Communities in Cockles (*Cerastoderma edule*) of the Ria de Aveiro (Portugal): Influence of Inorganic Contamination. *Marine Pollution Bulletin*, 82 (1), 117-126.

Freitas R., Costa E., Velez C., Santos J., Lima A., Oliveira C., Maria Rodrigues A., Quintino V., Figueira E., 2011. Looking for Suitable Biomarkers in Benthic Macroinvertebrates Inhabiting Coastal Areas with Low Metal Contamination: Comparison between the Bivalve *Cerastoderma edule* and the Polychaete *Diopatra neapolitana. Ecotoxicology and Environmental Safety*, 75 (1), 109–118.

Gam M., de Montaudouin X., Bazairi H., 2010. Population Dynamics and Secondary Production of the Cockle *Cerastoderma edule*: A Comparison between Merja Zerga (Moroccan Atlantic Coast) and Arcachon Bay (French Atlantic Coast). *Journal of Sea Research*, 63, 191-201.

GEMEL, 2013. *Projet GECO-GECO : gestion des écosystèmes conchylicoles pour guider l'exploitation des coques*, 138 p.

Gordo L.S., 1982. Aspects of the Growth and Density of *Cerastoderma edule* in the Alvor Salt Marsh South Portugal. *Arquivos do Museu Bocage*, 1 (19), 435-452.

Goss-Custard J.D., 1996. *The Oystercatcher: from Individuals to Populations*, University Press, UK, Oxford 55 p.

Goss-Custard J.D., Jones R.E., Newbery P.E., 1977a. The Ecology of the Wash. I. Distribution and Diet of Wading Birds (Charadrii). *Journal of Applied Ecology*, 681-700.

Goss-Custard J.D., Jenyon R.A., Jones R.E., Newberry P.E., Williams R.L.B., 1977b. The Ecology of the Wash II. Seasonal Variation in the Feeding Conditions of Wading Birds (Charadrii). *Journal of Applied Ecology*, 14, 707-719.

Grossu A., 1961. Variatiile lui *Cardium edule* in Marea Neagra. *Hydrobiologia,* 3, 177-191.

Guevara J.M., Niell F.X., 1989. Growth Rates in a Continuously Immersed Population of *Cerastoderma edule* L. *Scientia Marina*, 53 (2), 483-489.

Gueguen E., Sturbois A., Ponsero A., Fournier J., Desroy N., Le Mao P., (en préparation). Estimation of Molluscs Bivalves Size Eating by the Red Knot *Calidris canutus* on the Basis of Faeces Analysis in the Bay of the Saint-Brieuc.

Guillou J., Bachelet G., Desprez M., Ducrotoy J.P., Madani I., Rybarczyk H., Sauriau P.G., Sylvand B., Elkaim B., Glémarec M., 1990. Les modalités de la reproduction de la coque (*Cerastoderma edule*) sur le littoral français de la Manche et de l'Atlantique. *Aquatic Living Resources*, 3, 29-41.

Hancock D.A., 1967. Growth and Mesh Selection in the Edible Cockle (*Cardium edule* L.). *Journal of Applied Ecology*, 4, 137-157.

Hancock D.A., 1970. The Role of Predators and Parasites in a Fishery for the Mollusc *Cardium edule* L., *In: Proceedings of the Advanced Study Institute on "Dynamics of Numbers in Populations"*, 419-439.

Hancock D.A., 1973. The Relationship between Stock and Recruitment in Exploited Invertebrates. *Conseil permanent international pour l'exploration de la mer,* 164, 113-131.

Hancock D.A., Franklin A., 1972. Seasonal Changes in the Condition of the Edible Cockle *Cardium edule* (L.). *Journal of Applied Ecology*, 9, 567-579.

Hasselblad V., 1966. Estimation of Parameters for a Mixture of Normal Distribution. *Technometrics*, 8 (3), 431-444.

Hayward P.J., Ryland J.S., 1995. *Handbook of the Marine Fauna of North-West Europe*, University Press, USA, Oxford.

Hennebelle J.M., 1975. *La coque*, Thèse doctorat vétérinaire, université de médecine de Créteil, 100 p.

Hiddink J.G., Wolff W.J., 2002. Changes in Distribution and Decrease in Numbers during Migration of the Bivalve *Macoma balthica. Marine Ecology Progress Series*, 233, 117-130.

Honkoop P., van der Meer J., 1998. Experimentally Induced Effects of Water Temperature and Immersion Time on Reproductive output of Bivalves in the Wadden Sea. *Journal of Experimental Marine Biology and Ecology*, 220 (2), 227-246.

Hummel H., Wolowicz M., Bogaards R.H., 1994. Genetic Variability and Relationships for Populations of *Cerastoderma edule* and of the *C. glaucum* Complex. *Netherlands Journal of Sea Research*, 33 (1), 81-89.

Huxham M., Richards M., 2003. Can Postlarval Bivalves Select Sediment Type during Settlement? A Field Test with *Macoma balthica* (L.) and *Cerastoderma edule* (L.). *Journal of Experimental Marine Biology and Ecology*, 288 (2), 279-293.

Ibarrola I., Larretxea X., Iglesias J., Urrutia M., Navarro E., 1998. Seasonal Variation of Digestive Enzyme Activities in the Digestive Gland and the Crystalline Style of the Common Cockle *Cerastoderma edule. Comparative Biochemistry and Physiology-Part A: Molecular & Integrative Physiology*, 121 (1), 25-34.

Jacob D.E., Soldati A.L., Wirth R., Huth J., Wehrmeister U., Hofmeister W., 2008. Nanostructure, Composition and Mechanisms of Bivalve Shell Growth. *Geochimica et Cosmochimica Acta,* 72 (22), 5401-5415.

Jelesias J.I.P., Navarro E., 1990. Shell Growth of the Cockle *Cerastoderma edule* in the Mundaca Estuary (North Spain). *Journal of Molluscan Studies*, 56 (2), 229-238.

Jemec A., Drobne D., Tišler T., Sepčić K., 2010. Biochemical Biomarkers in Environmental Studies—Lessons learnt from Enzymes Catalase, Glutathione S-Transferase and Cholinesterase in two Crustacean Species. *Environmental Science and Pollution Research*, 17 (3), 571-581.

Jensen K.T., 1993. Density Dependant Growth in Cockles (*Cerastoderma edule*): Evidence from Interannual Comparisons. *Journal of the Marine Biological Association of the United Kingdom*, 73 (2), 333-342.

Jensen K.T., Jensen J.N., 1985. The Importance of Some Epibenthic Predators on the Density of Juvenile Benthic Macrofauna in the Danish Wadden Sea. *Journal of Experimental Marine Biology and Ecology*, 89 (2), 157-174.

Jha A.N., 2008. Ecotoxicological Applications and Significance of the Comet Assay. *Mutagenesis*, 23 (3), 207-221.

Jones A.M., Baxter J.M., 1987. Monitoring and Surveillance of Sandy Shores using the Bivalve *Cerastoderma edule* (L.), *In: Proceedings of the Estuarine and Brackish Water Association*. ESBA 17 Symposium, University of Dundee, Denmark., 14-18 September 1987, Developments in Estuarine and Coastal Techniques.

Jonsson R., André C., 1992. Mass-Mortality of the Bivalve *Cerastoderma edule* on the Swedish West Coast caused by Infestation with the Digenean Trematode *Cercaria cerastodermae* L. *Ophelia*, 36 (2), 151-157.

Joubin L., 1909. Études sur les gisements de mollusques comestibles des côtes de France. La baie de Saint-Brieuc. *Bulletin de l'Institut océanographique*, 141, 1-6.

Jung K., Stelzenmuller V., Zauke G.P., 2006. Spatial Distribution of Heavy Metal Concentrations and Biomass Indices in *Cerastoderma edule* from the German Wadden Sea : an Integrated Biomonitoring Approach. *Journal of Experimental Marine Biology and Ecology*, 338, 81-95.

Kaiser M.J., Blyth-Skyrme R.E., Hart P.J.B., Edwards-Jones G., Palmer D., 2007. Evidence for Greater Reproductive Output per Unit Area in Areas Protected from Fishing. *Canadian Journal of Fisheries and Aquatic Sciences*, 64 (9), 1284-1289.

Kandeel K.E., Mohammed S.Z., Mostafa A.M., Abd-Alla M.E., 2013. Reproductive Biology of the Cockle *Cerastoderma glaucum* (Bivalvia: Cardiidae) from Lake Qarun, Egypt. *The Egyptian Journal of Aquatic Research*, 39 (4), 249-260.

Kang C.K., Sauriau P.G., Richard P., Blanchard G.F., 1999. Food Sources of the Infaunal Suspension-Feeding Bivalve *Cerastoderma edule* in a Muddy Sandflat of Marennes-Oléron Bay, as Determined by Analyses of Carbon and Nitrogen Stable Isotopes. *Marine Ecology Progress Series*, 187, 147-158.

Karlsson O., Jonsson P.R., Larsson A.I., 2003. Do Large Seston Particles Contribute to the Diet of the Bivalve *Cerastoderma edule*? *Marine Ecology Progress Series*, 261, 161-173.

Kingston P., 1974. Some Observations on the Effects of Temperature and Salinity upon the Growth of *Cardium edule* and *Cardium glaucum* Larvae in the Laboratory. *Journal of the Marine Biological Association of the United Kingdom*, 54 (02), 309-317.

Koulman J.G., Wolff W.J., 1977. *The Cardiidae*, Basteria.

Kraan C., 2010. *Spatial Ecology of Intertidal Macrobenthic Fauna in a Changing Wadden Sea*, University of Groningen, Groningen, The Netherlands, 200 p.

Kraan C., Aarts G., van Der Meer J., Piersma T., 2010. The Role of Environmental Variables in Structuring Landscape-Scale Species Distributions in Seafloor Habitats. *Ecology*, 91 (6), 1583-1590.

Kraan C., Aarts G., Piersma T., Dormann C.F., 2012. Temporal Variability of Ecological Niches: A Study on Intertidal Macrobenthic Fauna. *Oikos*, 122 (5), 754–760.

Krige D.G., 1952. A Atatistical Approach to Some Basic Mine Valuation Problems on the Witwatersrand. *Journal of the Chemical, Metallurgical and Mining Society of South Africa*, 201-244.

Kristensen I., 1957. Differences in Density and Growth in a Cockle Population in the Dutch Wadden Sea. *Archives néerlandaises de zoologie*, 12, 351-453.

Labourg P.J., Lasserre G., 1980. Dynamique des populations de Cerastoderma glaucum dans une lagune aménagée de la région d'Arcachon. *Marine Biology*, 60 (2-3), 147-157.

Lambert, 1943. La coque (*Cardium edule). Revue des travaux de l'office scientifique et technique des pêches maritimes*, 13, 30-33.

Lauckner G., 1983. Diseases of Mollusca: Bivalvia. *In: Diseases of Marine Animals. Vol II: Introduction, Bivalvia to Scaphopoda* (Kinne O., ed.), Biologische Anstalt Helgoland, Hamburg, 632–761.

Le Dréan Quénec'hdu S., Mahéo R., 1997. Les limicoles séjournant dans les traicts du Croisic (presqu'île guérandaise, Loire-Atlantique) : régime alimentaire et impact sur les populations de mollusques bivalves. *Alauda*, 65, 131-149.

Legay J.M., Debouzie D., 1985. *Introduction à une biologie des populations*, Masson, Paris, 14 p.

Lemoigne M., Desprez M., Ducrotoy J.P., 1988. *Exploitation des ressources en bivalves de la baie de Somme. Aménagement de la pêche à pied et état de la ressource en coques.*, Ifremer, 177 p.

Lindergarth M., André C., Jonsson P.R., 1995. Analysis of the Spatial Variability in Abundance and Age Structure of Two Infaunal Bivalves, *Cerastoderma edule* and *C. lamarcki*, using Hierarchical Sampling Programs. *Marine Ecology Progress Series*, 116, 85-97.

Longshaw M., Malham S.K., 2012. A Review of the Infectious Agents, Parasites, Pathogens and Commensals of European Cockles (*Cerastoderma edule* and *C. glaucum*). *Journal of the Marine Biological Association of the United Kingdom*, 93 (01), 227-247.

Loquet N., Triplet P., 2005. *Le suivi du gisement de coques au nord de la baie de Somme. Perspectives sur la ressource, l'avifaune (huîtrier-pie) et la pêche à pied*, GEMEL, 96 p.

Malham S.K., Hutchinson T.H., Longshaw M., 2012. A Review of the Biology of European Cockles (*Cerastoderma* spp.). *Journal of the Marine Biological Association of the United Kingdom*, 1 (1), 1-15.

Marin F., Luquet G., 2004. Molluscan Shell Proteins. *Comptes rendus Palevol, 3 (6), 469-492.*

Martínez-Castro C., Vázquez E., 2012. Reproductive Cycle of the Cockle *Cerastoderma edule* (L. 1758) in the Ria de Vigo (Galicia, Northwest Spain). *Journal of Shellfish Research*, 31 (3), 757-767.

Martínez L., Méndez J., Insua A., Arias-Pérez A., Freire R., 2012. Genetic Diversity and Population Differentiation in the Cockle *Cerastoderma edule* Estimated by Microsatellite Markers. *Helgoland Marine Research*, 67 (1), 179-189.

Mascaro M., Seed R., 2000. Foraging Behavior of *Carcinus maenas* (L.): Comparisons of Size-Selective Predation on Four Species of Bivalve Prey. *Journal of Shellfish Research*, 19 (1), 283-291.

Monfort P., Lebrun L., 2014. *Étude de zone microbiologique : ria de la rivière de Morlaix*, Ifremer, 26 p.

Moreira F., 1995. The Winter Feeding Ecology of Avocets *Recurvirostra avosetta* on Intertidal Areas. II. Diet and Feeding Mechanisms. *IBIS*, 137, 99-108.

Morgan E., O'Riordan R.M., Kelly T.C., Culloty S.C., 2012. Influence of Disseminated Neoplasia, Trematode Infections and Gametogenesis on Surfacing and Mortality in the Cockle *Cerastoderma edule. Diseases of Aquatic Organisms*, 98, 73-84.

Mouritsen K., 1994. Day and Night Feeding in Dunlins *Calidris alpina*: Choice of Habitat, Foraging Technique and Prey. *Journal of Avian Biology*, 25, 55-62.

Navarro E., Méndez S., Ibarrola I., Urrutia M., 2009. Comparative Utilization of Phytoplankton and Vascular Plant Detritus by the Cockle *Cerastoderma edule*: Digestive Responses During Diet Acclimation. *Aquatic Biology*, 6, 247-262.

Nehls G., Witte S., Dankers N., De Vlas J., Quirijns F., Kristensen P.S., 2009. Fishery. Thematic Report No. 3.3. *In: Quality Status Report 2009. Wadden Sea Ecosystem* (Marencic H., de Vlas, J., ed.), Common Wadden Sea Secretariat, Trilateral Monitoring and Assessment Group, Wilhelmshaven, Germany, 14 p.

Neri R., Schifano G., Papanicolaou C., 1979. Effects of Salinity on Mineralogy and Chemical Composition of *Cerastoderma edule* and *Monodonta articulata* Shells. *Marine Geology*, 30 (3-4), 233-241.

Nikula R., Väinölä R., 2003. Phylogeography of *Cerastoderma glaucum* (Bivalvia: Cardiidae) across Europe: A Major Break in the Eastern Mediterranean. *Marine Biology*, 143 (2), 339-350.

Nilin J., Monteiro M., Domingues I., Susana Loureiro S., Costa-Lotufo L., Soares A., 2012. Bivalve Esterases as Biomarker: Identification and Characterization in European Cockles. *Bulletin of Environmental Contamination and Toxicology*, 88 (5), 707-711.

Pauly D., Morgan G.P., 1987. *Length-Based Methods in Fisheries Research*, Kuwait Institute for Scientific Research, 468 p.

Pereira S.M., Fernández-Tajes J., Rábade T., Flórez-Barrós F., Laffon B., Méndez J., 2011. Comparison Between Two Bivalve Species as Tools for the Assessment of Pollution Levels in an Estuarian Environment. *Journal of Toxicology and Environmental Health, Part A*, 74 (15-16), 1020-1029.

Pérez Camacho A., Román G., 1984. Crecimiento, reproducción, mortalidad y producción del berberecho *Cerastoderma edule* (L.), *en la ría de Arousa. Cuadernos* da Área de Ciencias Mariñas, 499-507.

Piersma T., Koolhaas A., Dekinga A., 1993a. Interactions Between Stomach Structure and Diet Choice in Shorebirds. *The auk*, 552-564.

Piersma T., Hoekstra R., Dekinga A., Koolhaas A., Wolf P., Battley P., Wiersma P., 1993b. Scale and Intensity of Intertidal Habitat Use by Knots *Calidris canutus* in the Western Wadden Sea in Relation to Food, Friends and Foes. *Netherlands Journal of Sea Research*, 31 (4), 331-357.

Ponsero A., Le Mao P., 2011. Consommation de la macro-faune invertébrée benthique par les oiseaux d'eau en baie de Saint-Brieuc. *Revue Écologie*, 66, 383-397.

Ponsero A., Sturbois A., 2014. *Assemblages benthiques et faciès sédimentaires des substrats meubles intertidaux du fond de baie de Saint-Brieuc. Cartographie, analyse et évolution 1987-2011*, Réserve naturelle de la baie de Saint-Brieuc, 196 p.

Ponsero A., Dabouineau L., Allain J., 2009. Modelling of the Cockle (*Cerastoderma edule* L.) Fishing Grounds in a Purpose of Sustainable Management of Traditional Harvesting. *Fisheries Science*, 75 (4), 839-850.

Poot M.J.M., Roelen B.A.J., Piersma T., 2014. Red Knots Cavenging on Large, Dying Cockles: Opportunistic Feeding by a Sensory Specialized Mollusc-Crushing Shorebird. *Wader Study Group Bulletin*, 121 (1), 33-42.

Privat A., Delisle F., Bonnin M., Piques B., Bernard M., Ponsero A., 2013. *Étude et diagnostic de l'activité de pêche à pied récréative. Cahier méthodologique et recueil d›expériences*. Agence des aires marines protégées, 141 p.

Quaintenne G., Bocher P., Ponsero A., Caillot E., Feunteun E., 2014. Contrasting Benthos Communities and Prey Selection by Red Knot *Calidris canutus* in Three Nearby Bays on the Channel Coast. *Ardea*, 101, 87-98.

Quéro J.C., Vayne J.J., 1998. *Les fruits de la mer et les plantes marines des pêches françaises*, Delachaux et Niestlé, 256 p.

Ramon M., 2003. Population Dynamics and Secondary Production of the Cockle *Cerastoderma edule* (L.) in Backbarrier Tidal Flat of the Wadden. *Scientia Marina*, 67 (4), 429-443.

Reise K., 1985. *Tidal Flat Ecology: An Experimental Approach to Species Interactions*, Springer-Verlag, Berlin, 194 p.

Reys J.P., 1971. Analyses statistiques de la microdistribution des espèces benthiques de la région de Marseille. *Téthys*, 3 (2), 381-403.

Richardson C.A., Runham N.W., Crisp D.J., 1981. A Histological and Ultrastructural Study of the Cells of the Mantle Edge of a Marine Bivalve, *Cerastoderma edule*. *Tissue and Cell*, 13 (4), 715-730.

Richardson C.A., Crisp D.J., Runham N.W., Gruffydd L.D., 1980. The Use of Tidal Growth Bands in the Shell of *Cerastoderma edule* to Measure Seasonal Growth Rates Under Cool Temperate and Sub-Arctic Conditions. *Journal of the Marine Biological Association of the United Kingdom*, 60, 977-989.

Romano C., Sarà G., Salvo G., Bishop J., Mazzola A., Widdows J., 2011. Effect of the Presence of the Shore Crab, *Carcinus maenas*, on Burrowing Behaviour and Clearance Rate of the Common Cockle, *Cerastoderma edule*. *Marine Biology*, 1-10.

Rossi F., Herman P., Middelburg J., 2004. Interspecific and Intraspecific Variation of δ 13 C and δ 15 N in Deposit and Suspension-Feeding Bivalves (*Macoma balthica* and *Cerastoderma edule*): Evidence of Ontogenetic Changes in Feeding Mode of *Macoma balthica*. *Limnology and Oceanography*, 49 (2), 408-414.

Russell P.J.C., Petersen G.H., 1973. The Use of Ecological Data in the Elucidation of Some Shallow-Water European Cardium Species. *Malacologia*, 14, 223-232.

Rygg B., 1970. Studies on *Cerastoderma edule* (L.) and *Cerastoderma glaucum* (Poiret). *Sarsia*, 43 (1), 65-80.

Sanchez-Salazar M.E., Griffiths C.L., Seed R., 1987a. The Effect of Size and Temperature on the Predation of Cockles *Cerastoderma edule* (L.) by the Shore Crab *Carcinus maenas* (L.). *Journal of Experimental Marine Biology and Ecology*, 111, 181-193.

Sanchez-Salazar M.E., Griffiths C.L., Seed R., 1987b. The Interactive Roles of Predation and Tidal Elevation in Structuring Populations Edible Cockles *Cerastoderma edule* (L.). *Estuarine, Coastal and Shelf Science*, 25, 245-260.

Sara G., 2007. Sedimentary and Particulate Organic Matter: Mixed Sources for Cockle *Cerastoderma glaucum* in a Shallow Pond, Western Mediterranean. *Aquatic Living Resources*, 20 (3), 271-277.

Sauriau P.G., 1992. *Les mollusques benthiques du bassin de Marennes-Oléron : estimation et cartographie des stocks non cultivés, compétition spatiale et trophique, dynamique de population de* Cerastoderma edule *(L.)*, université de Bretagne occidentale (UBO), Brest, 292 p.

Scheiffarth G., 2001. The Diet of Bar-Tailed Godwits *Limosa lapponica* in the Wadden Sea: Combining Visual Observations and Faeces Analyses. *Ardea*, 89 (3), 481-494.

Schwemmer P., Hälterlein B., Geiter O., Günther K., Corman V.M., Garthe S., 2014. Weather-Related Winter Mortality of Eurasian Oystercatchers (*Haematopus ostralegus*) in the Northeastern Wadden Sea. *Waterbirds*, 37 (3), 319-330.

Seed R., Brown R.A., 1977. A Comparison of the Reproductive Cycles of *Modiolus modiolus* (L.), *Cerastoderma* (*Cardium*) *edule* (L.), and *Mytilus edulis* L. in Strangford Lough, Northern Ireland. *Oecologia*, 30, 177-188.

Seed R., Brown R.A., 1978. Growth as a Strategy for Survival in Two Marine Bivalves, *Cerastoderma edule* and *Moiolus modiolus*. *Journal of Animal Ecology*, 47, 283-292.

Sheshinski R., 1979. Interpolation in the Plane: the Robustness of Misspecified Correlation Models and Different Trend Functions. *In: Contemporary Quantitavive Ecology and Related Econometrics.* (Patil G.P. R.M., ed.), Fairland International Co-operative Publishing House, Fairland, 399-420.

Smaal A.C., Vonck A.P.M.A., Bakker M., 1997. Seasonal Variation in Physiological Energetics of *Mytilus edulis* and *Cerastoderma edule* of Different Size Classes. *Journal of the Marine Biological Association of the United Kingdom*, 77, 817-838.

Strasser M., Dekker R., Essink K., Günther C.P., Jaklin S., Kröncke I., Madsen P.B., Michaelis H., Vedel G., 2003. How Predictable is High Bivalve Recruitment in the Wadden Sea After a Severe Winter? *Journal of Sea Research*, 49 (1), 47-57.

Sturbois A., Ponsero A., Desroy N., Fournier J., 2015. Exploitation of Intertidal Feeding Resources by the Red Knot *Calidris canutus* under Megatidal Conditions. *Journal of Sea Research*, 96, 23-30.

Sutherland W.J., 1982. Spatial Variation in the Predation of Cockles by Oystercatchers at Traeth Melynog. Anglesey. I. The Cockle Population. *Journal of Animal Ecology*, 51, 481-489.

Tebble N., 1966. *British Bivale Seashells*, British Museum (Natural History). London, 212 p.

Thieltges D.W., 2006. Parasite Induced Summer Mortality in the Cockle *Cerastoderma edule* by the Trematode *Gymnophallus choledochus*. *Hydrobiologia*, 559, 455-461.

Trigui R.J., 2009. *Influence des facteurs environnementaux et anthropiques sur la structure et le fonctionnement des peuplements benthiques du golfe normano-breton*, Thèse de l'École doctorale des sciences de la nature et de l'homme, Museum national d'histoire naturelle, 200 p.

Triplet P., 1996. Comment les huîtriers-pies *Haematopus ostralegus* consommateurs de coques *Cerastoderma edule* évitent les relations intra-spécifiques. *Alauda*, 64 (1), 1-6.

Triplet P., Bacquet S., Lengigon A., Oget E., Fagot C., 1999. Effets de dérangements sur l'huîtrier-pie (*Haematopus ostralegus*) en baie de Somme. *Gibier Faune Sauvage*, 16 (1), 45-64.

Verdelhos T., Marques J.C., Anastácio P., 2015. The Impact of Estuarine Salinity Changes on the Bivalves *Scrobicularia plana* and *Cerastoderma edule*, Illustrated by Behavioral and Mortality Responses on a Laboratory Assay. *Ecological Indicators*, 52, 96-104.

Wegeberg A.M., Jensen K.T., 2003. *In situ* Growth of Juvenile Cockles, *Cerastoderma edule*, Experimentally Infected with Larval Trematodes (*Himasthla interrupta*). *Journal of Sea Research*, 50, 37-43.

West A.B., Partridge J.K., Lovitt A., 1979. *The Cockle* Cerastoderma edule (L.) *on the South Bull, Dublin Bay: Population Parameters and Fishery Potential.* The Stationery Office, Department of Fisheries and Forestry, 19 p.

West A.D., Yates M.G., McGrorty S., Stillman R.A., 2007. Predicting Site Quality for Shorebird Communities: A Case Study on the Wash Embayment, UK. *Ecological Modelling*, 202 (3-4), 527-539.

Whitton T.A., Jenkins S.R., Richardson C.A., Hiddink J.G., 2012. Aggregated Prey and Predation Rates: Juvenile Shore Crabs (*Carcinus maenas*) Foraging on Post-Larval Cockles (*Cerastoderma edule*). *Journal of Experimental Marine Biology and Ecology*, 432-433, 29-36.

Williams I.D., van der Meer J., Dekker R., Beukema J.J., Holmes S.P., 2004. Exploring Interactions Among Intertidal Macrozoobenthos of the Dutch Wadden Sea using Population Growth Models. *Journal of Sea Research*, 52 (4), 307-319.

Wolff W.J., Mandos J.M., Sandee A.J.J., 1981. Tidal Migration of Plaice and Flounders as a Feeding Strategy. *Marine Science*, 15, 159-171.

Zwarts L., Wanink J., 1989. Siphon Size and Burying Depth in Deposit-and Suspension-Feeding Benthic Bivalves. *Marine Biology*, 100 (2), 227-240.

Zwarts L., Wanink J.H., 1991. The Macrobenthos Fraction Accessible to Waders may Represent Marginal Prey. *Oecologia*, 87 (4), 581-587.

Zwarts L., Blomert A.M., 1992. Why Knot *Calidris canutus* Take Medium-Sized *Macoma balthica* when Six Prey Species are Available. *Marine Ecology Progress Series*, 83 (2), 113-128.

Zwarts L., Cayford J.T., Hulscher J.B., Kersten M., Meire P.M., Triplet P., 1996. Prey Size Selection and Intake Rate. *In: The Oystercatcher: From individuals to Population* (Goss-Custard J.D., ed.), Oxford University Press, Oxford, 30-55.

Coordonnées des auteurs

LAURENT DABOUINEAU, enseignant-chercheur
Université catholique de l'Ouest Bretagne-Nord
Campus de la Tour d'Auvergne - 22200 Guingamp
Tél : 02 96 44 46 46 - Courriel : laurent.dabouineau@uco.fr

UCO BRETAGNE NORD
UNIVERSITÉ CATHOLIQUE DE L'OUEST

ALAIN PONSERO, conservateur
Réserve naturelle nationale de la baie de Saint-Brieuc
Site de l'Étoile - 22120 Hillion
Tél : 02 96 32 31 40 - Courriel : alain.ponsero@espaces-naturels.fr

ANTHONY STURBOIS, chargé de mission scientifique
Réserve naturelle nationale de la baie de Saint-Brieuc
Site de l'Étoile - 22120 Hillion
Tél : 02 96 32 31 40 - Courriel : anthony.sturbois@espaces-naturels.fr

Réserve Naturelle
BAIE DE SAINT-BRIEUC

FRANCK DELISLE, chargé de mission « Biodiversité »
Association VivArmor Nature
10 boulevard Sévigné - 22000 Saint-Brieuc
Tél. : 02 96 32 31 40 - Courriel : franck.delisle@vivarmor.fr

VivArmor Nature

Crédits iconographiques

Sauf mentions particulières, les illustrations sont des auteurs.

Édition et coordination éditoriale

Nelly Courtay

Couverture, infographie et mise en pages

Clarisse Robert | PAGISSIME

Impression

Impression World Spol. s.r.o., Prešov, Slovaquie

Dépôt légal : mai 2015